フランスチーズ図鑑

Le Guide des Fromages Français

目　次

006　はじめに
008　チーズという言葉
010　チーズの作り方
013　チーズの分類
014　凡例

フランスチーズ解説

016　フランスの地域圏と県

018　アベイ・ド・ベロック
　　　アボンダンス
020　エジィ = サンドレ
　　　アペロビック／レ・ザペロビク
021　アルディ = ガスナ
022　バノン／バノン・ア・ラ・フィユ
023　バラット
024　バルース／ラモウン
　　　ボーフォール／グリュイエール・ド・ボーフォール
026　ベツマル
　　　ビグリア／ブルビ・ド・コルス

027　ブルビ（Brebis）と名の付くチーズ
　　　コルスの羊（Brebis Corse）

028　ブルー・ドーヴェルニュ
　　　ブルー・ド・ブレス／ブレス・ブルー
029　ブルー・ド・ジェクス／
　　　ブルー・デュ・オー = ジュラ／
　　　ブルー・ド・セットモンセル

030　ブルー・ド・ラクイーユ
　　　ブルー・デ・コース
031　ブルー・ド・テルミニョン
032　ブルー・デュ・ヴェルコール = サスナージュ
033　ボンド・ド・ガティーヌ
034　ボンジュラ
　　　ブション／ブション・ド・サンセール
035　ブーレット・ダヴェンヌ
　　　ブーレット・ド・カンブレ
036　ブルソー
　　　ブルサン
037　ブトン・ド・キュロット／カブリオン
　　　ブトン・ドック
038　ブリ・ド・マルゼルブ
　　　ブリ・ド・モー
042　ブリ・ド・ムラン
044　ブリ・ド・モントロー
045　ブリ・ド・ナンジ
　　　ブリ・ノワール／ブリ・ド・ナントゥイユ
046　ブリア = サヴァラン
047　ブラン・ダムール／フルール・デュ・マキ
048　ブリック・デュ・フォレ／カブリオン・デュ・フォレ
　　　ブリス = グー／ブリスゴ
049　ブロッチュ・コルス／ブロッチュ

051　ショードロンで作るブロッチュ

052　ブロッソータン
　　　ブルス／ブロウス
053　ブルス・デュ・ローヴ
　　　ビュッシュ／ビュシェット
054　ビュシェット・ダンジュー
　　　ビュット・ド・ドゥー／ラ・ビュット
055　カベクー／カベクー・フィユ
　　　カブラ・コルサ

056	カブリ・アリエジョワ		075	クール・ア・ラ・クレーム／フロマージュ・ブラン
057	カッシュイユ／カッシェイア			クール・ド・シェーヴル・デュ・タルン
	カイエ・ド・カヌゥ／セルヴェル・ド・カヌゥ		076	コンテ
058	カイエ・メゾン			

058　カジアトゥ（Caghiatu）

077　要塞に眠るコンテ

078　フランスが誇るコンテの審査基準

059	カレンザーナ
	カマンベール・オ・シードル／
	カマンベール・アフィネ・オ・カルヴァドス
060	カマンベール・ド・ノルマンディー

080	コンテス・ド・ヴィシー
	コルシカ
081	クロミエ／ブリ・ド・クロミエ

061　マリー・アレルとカマンベールの歴史

081　古い兵士修道院とクロミエ

062	カンコワイヨット
	カンタル／フルム・ド・カンタル
063	カプリ・ルゼアン
064	キャルカン・デュ・タルン
	カレ・ド・レスト
065	カタル
066	サンドレ・ド・シャンパーニュ
067	シャビシュー・デュ・ポワトゥー
068	シャンバラン／トラピスト・ド・シャンバラン
	シャウルス
069	シャロレ
070	シュヴロタン・デザラヴィ

082	クレムー・デュ・モン・サン＝ミシェル
083	クロタン・ド・シャヴィニョル／
	シャヴィニョル
084	キュレ・ナンテ
085	ドーファン
	ドルー・ア・ラ・フィユ／フィユ・ド・ドルー
086	エシュルニャック／トラップ・デシュルニャック
	エメンタル・ド・サヴォワ
	エメンタル・フランセ・エスト＝サントラル
087	エポワス
088	エクスプロラトゥール
	フェセル
089	フィレタ／ア・フィレタ
	フォンデュ／フォンデュ・フロマージュ
091	フォンテーヌブロー
	フォーシュトラ
092	フージュル
093	フルム・ダンベール
094	フルム・ダンベール・オー・コトー・デュ・レイヨン
	フルム・ドーリヤック
	フルム・ド・モンブリゾン

070　サヴォワのシュヴロタン

071　オーヴェルニュのシュヴロタン

071　シトー／アベイ・ド・シトー

072　修道院製チーズと市場

074　修道院製マークのチーズ
（L'Artisanat Monastique）

095 ジャスリーとジャス

096 フルム・ド・ロッシュフォール＝モンターニュ
098 フロマジェエ
099 フロマージュ・フォール
100 ガレット／ガレット・ド・ラ・シェーズ＝デュ
101 ガプロン
ガスコナード
102 グロ・ロラン
グロー・デュ・バーヌ
103 グリュイエール
ジョンシェ

104 藺草の簣子に包まれたフレッシュチーズ

106 ライオル
108 ラミ・デュ・シャンベルタン
ラングル
109 ラランス
110 ラヴォール／トム・ド・リゼロン
111 リジュー
112 リヴァロ
113 マコネ
114 マロワル／マロル
115 ミモレット・フランセーズ／ブール・ド・リール
モエルー・デュ・ルヴァール
116 モン＝ドール／ヴァシュラン・デュ・オー＝ドゥー
118 モンラッシェ

119 ベネディクト会が定めた食

120 モン・ヴァントー

121 アンリ・ファーブル　膝の上の記憶

122 モルビエ
123 モテ／モテ・ア・ラ・フィユ
124 マンステル／マンステル＝ジェロメ
125 ミュロル／ル・グラン・ミュロル／
トルゥー・デュ・ミュロル／ミュロレ
126 ヌシャテル
127 ニオロ／ニオラン
オリヴェ
128 オッソー＝イラティ
129 パヴェ・ブレゾワ
130 パヴェ・ドージュ
131 ペラルドン
132 ペライユ・ド・ブルビ／ペライユ
133 ペルシエ・ド・ティーニュ
ペルシエ・ド・タランテーズ
134 プティ・スイス
ピコドン
136 ピエール＝キ＝ヴィール
ピエール＝ロベール
137 ピティヴィエ・オ・フォワン
138 ポン＝レヴェック
140 ポール＝デュ＝サリュー／ポール＝サリュー
プーリニ・サン＝ピエール
141 ラクレット／ラクレット・ド・サヴォワ
142 ルブロション／ルブロション・ド・サヴォワ
143 リゴット
144 リゴット・ド・コンドリュー
145 ロカマドール／カベク・ド・ロカマドール
146 ロッシュバロン
ロロ／クール・ド・ロロ
147 ロンシエ
148 ロン・ド・リュジニャン／リュジニャン
149 ロックフォール
153 ルウェル・デュ・タルン
ルイ

154	ローヴ・デ・ガリッグ	179	トメット・ド・コルビエール
	サント゠モール・ド・トゥーレーヌ		トレフル
156	サン゠フェリシアン	180	トリコルヌ／トロワ・コルヌ／サブロー
158	サン゠フロランタン		トリュフ
	サン゠ジュリアン・オ・ノワ	181	ヴァシュラン・ダボンダンス
159	サン゠マルスラン		ヴァシュラン・デ・ボージュ
160	サン゠ネクテール	182	ヴァランセ
162	サン゠ニコラ／サン゠ニコラ・ド・ラ・ダルムリ	183	ヴェナコ
	サン゠ポーラン		ヴァンダンジュ／ソレイユ
163	サレール	184	ヴェズレー
			ヴュー゠グリ゠ド゠リール／グリ゠ド゠リール

164　ビュロニエが作るサレール

165	サンセロワ／サンセール
	セル゠シュル゠シェール
166	スーマントラン
167	タミエ／アベイ・ド・タミエ
168	トピニエール・シャランテーズ
	ティマドゥーク／
	アベイ・ノートルダム・ド・ティマドゥーク
169	トム・デ・ボージュ

170　トム（Tome、Tomme）について

171	トム・フレッシュ／アリゴ
	トメット・バスク
172	トム・オ・マール
	トム・ブリュレ
173	トム・ド・ブルビ・ド・ベアルン／ブルビ・ド・ベアルン
174	トム・ド・ブルビ・ド・コルス
	トム・ド・カンブレ
175	トム・ド・シェーヴル・ルービエール／カブリオーレ
176	トム・ド・ポワゼ
177	トム・ド・サヴォワ
178	トム・ディエンヌ

186	チーズの買い方、保存の仕方
188	タイプ別熟成管理表
189	タイプ別・相性のよい和の酒、素材、調味料
190	生乳か、殺菌乳か？
192	チーズと健康──チーズが命の食である訳
194	チーズはなぜイエスの祭壇に捧げられなかったのか？
196	索引（アルファベット順）
200	索引（五十音順）
204	参考文献・資料
206	つぶやき──あとがきにかえて

はじめに

　市場はいつも才色兼備。だから市場ではお客も売り手も真剣勝負。恨めしそうな豚の頭を吊り下げた肉屋には、牛やウサギや羊肉が。魚屋にはぶつ切りのマグロ、山盛りにされた浜茹でのエビ、一本釣りのスズキ、マトダイ、エイにヒラメ、サバ、アジ、貝もカエルもあります。生ガキだけの店も出ています。竈焼きのパン屋の前では籠を持って行列に並ぶ紳士もいます。どれもこれも買いたい気持ちを抑えてチーズ屋へ。まず定番のコンテとロックフォールを買おう。それからあと2～3品、デザートのチーズを選びます。北のマロワルやブーレット・ダヴェンヌ、アルプスのチーズ、オーヴェルニュのトムに南仏のシェーヴル、とろけるブリにカマンベールまで。料理の後味とのマリアージュも考えると……さぁ、それもまた大変！です。

　ある日、穴のあいた型で水分をきったままのチーズ、フェセルを見つけ、味の虜になっていたら、チーズ屋のご主人がジョンシェのことを話してくれました。えっ、あの繭草で巻かれたまぼろしのチーズのこと？　今はもう作り手もほとんどいないが本当に美味しいものだと言うのです。ノルマンディーに1軒だけ生産者がいると聞いて探しましたが、辿り着いた時には採算が合わないと製造をやめていました。そのフレッシュチーズはどんな味がするのだろう。草の香りがするのかなぁ。食いしん坊は気合を入れて探索するのですが、情報が得られないまま時が過ぎていきました。しかし、そのチーズはいつも心の片隅にあって、「探さなくてはならないぞ」と呼びかけていました。

　熟成された中型や大型のチーズは熟成の技術で月日を重ねて旨みを増していきますが、フレッシュチーズは新鮮さが命。これこそ冷蔵庫のない時代の人々が珍重した蘇りの食なのです。古代ローマではおもてなしのチーズになっていたことが、ウェラブルム市場のチーズを用意するという詩人のマルティアリスから友人への食事の招待状にも窺えます。古代のヨーロッパで乳が凝固する瞬間が神秘的なものであると考えられていたことは、フレッシュチーズが市場で大切に扱われたことにも繋がっていくのでしょう。

　今回テーマとした「チーズは何処からやってきたのか」という謎解きは、歴史を遡りながらチーズを追いかけて発見したシュメール人の叙事詩を手掛かりにしました。それらに刻まれた人々の文化や考え方は、今に生きる私たちの意識に容易に重ねて考えることができます。そこにはヨーロッパの食から日本人の伝統的な慣習にも通じるような捧げ物の選び方や、結納品と共食の風習などが記されていて、それは国や人種を超えて共通する嗜好というものが人間にあるということに気づかされるものでした。本書のチーズ解説の中の歴史や文学に関する記述に関しては、本来の研究からは離れた別の専門的な領域ですが、人々の営みと食文化を理解するうえで重要だと思い、チーズに関連する詩や事象などを含め、先達の書より引用して一部を紹介してみました。浅学でありながら翻訳書に助けられて自論を展開したところもありますので、間違いなどがありましたらご教導いただきたく存じます。

太古のハンムラビ法典ではその時代にすでに市場があったことがわかっています。また、そこには当代の人々がチーズとナツメヤシの実を持って旅をしていたことも記されています。そして、それ以前の叙事詩に見るメソポタミア文明では、豊穣の女神に牛乳、ビール、そしてチーズが定期的に捧げられていることが謳われていました。

　沛然と降る雨。炎暑に台風。霏霏たる雪。日本列島でも災害が続く21世紀。世界的に自然が猛威を振るう地球に、人はなんと脆弱でちっぽけなものかを痛感します。炎に焼かれ、大河の泥流に邑を奪われ、氷河に押しつぶされて暮しを失ってきた営みのなかで生まれた人の祈り。自然の暴力的な威力への畏怖から、人々は荒ぶる神を鎮めるように捧げ物をしてきました。これからの科学的な考古学の検証や古代の文字の判読が進めば、よりはっきりと自然と共生してきた人々の姿や食文化が見えてくることでしょう。

　歴史のなかで生まれ育まれていくもの、時代の波にさらわれてしまうもの。様々なチーズが作られる風土のなかにその土地の暮しがあります。何世代にもわたって作り続けられるチーズには像（カタチ）を守り続けてきた意味があるのだろうと考えるようになると、チーズは何処からやってきたのかと気になって仕方がありませんでした。伝統の食とその形象は、その謎を解く旅に出るよう背中を押し続けました。2015年に、ついに諦めかけていた藺草巻きのチーズを作るアーティザナルがいることを聞き、さっそく現地を訪ねてこの本で紹介しています。また、現在では生産されなくなったチーズや、その土地に行かなくては賞味できないもの、初めて見聞するチーズも紹介しています。約180種類にも及ぶチーズを収録しており、なかにはどうして同じような種類やフロマージュ・ブランの紹介があるのだろうと思われる方もいらっしゃるかもしれませんが、それこそがフランス食文化の源にあるものだと思っています。

　近年、チーズの多くは近代的な工房で生産するようになってきましたが、紹介したチーズはそのほとんどが手づくりのものです。世界的に自然食材への志向が高まる一方で、これまで生乳チーズの生産でトップを競っていたフランスでも生乳製が全体的に減少しています。そこで、この本を手に取った方々がそのオリジンに憶いを馳せ、遠く旅をしてきたチーズをより美味しくいただける手がかりを見つけられるようなエッセンスも取り入れました。それでは、ここから不思議なチーズの国への案内を始めさせていただきたいと思います。

山羊を抱える王者（B.C.1800年コルサバード遺跡より出土・ルーヴル美術館蔵）。

チーズという言葉

フランス語	Fromage [フロマージュ]	スウェーデン語	Ost [オスト]
ブルトン語	Fourmaj [フォルマジ]	ノルウェー語	Ost [オスト]
プロヴァンス語	Formatge [フォルマッジ]	フィンランド語	Juusto [ユースト]
イタリア語	Formaggio [フォルマッジョ]	エストニア語	Juust [ユースト]
スペイン語	Queso [クェソ、ケソ]	ラトビア語	Siers [シーエルス]
バスク語	Gazta [ガスタ]	リトアニア語	Sūris [シューリ、スーリ]
カタルーニャ語	Formatge [フォルマトジュ]	ウクライナ語	Cyr [スィール、シール]
ガリシア語	Queixo [ケイソ、クェイソ]	スロヴェニア語	Sir [シール、スィール]
ポルトガル語	Queijo [クェージョ、ケイジョ]	クロアチア語	Sir [シール]
英語	Cheese [チーズ]	ポーランド語	Ser [セール]
ウェールズ語	Caws [カウス]	チェコ語	Sýr [シール]
アイルランド語	Cáis [カイス]	スロヴァキア語	Syr [シール]
オランダ語	Kaas [カース]	ルーマニア語	Brânză [ブリンザ]
ドイツ語	Käse [ケーゼ]		Caç [カス]
オーストリア	Käse [ケーゼ]	ハンガリー語	Sajt [シャイト]
スイス	Chäs,Cas[カス]	ブルガリア語	Sirene [シレネ]
	Fromage[フロマージュ]	ギリシャ語	Tupoç [チューロス]
	Käse[ケーゼ]	トルコ語	Peynir [ペイニシュ]
アイスランド語	Ostur [オストゥル]	ラテン語	Caseus [カゼウス]
デンマーク語	Ost [オスト]		

※ [カタカナ発音] は筆者の聞き書き表記で語学辞書等の発音表記に準じていません。

牧畜の発祥の地と考えられる中近東からモンゴルにかけての地域では、古くから馬乳酒を作っていたことがわかっていますし、現在もその文化を守って暮らす民族がいます。チーズ作りの文化は、古くからアフリカにあったようです。現在のものに近い形になった実証としては、メソポタミアのシュメールの牧夫が作っていたチーズやバターのことが叙事詩に記されています。シュメール、エジプトにあったチーズ作りが、フェニキアに伝えられ、エトルリア（ローマ）人から高地農法に成功したケルト人によってヨーロッパに伝播していったのだろうと考えられています。シュメール人の神へ捧げられた牛乳は、ほぼ同じ頃に、エジプトではハトホル神に象徴される王族の飲み物で神聖なものでした。

　さて、チーズを表す言葉には、ラテン語のカゼウス（Caseus）、その派生語とされるカス（Chäs、Cas、Caç）、カイス（Cáis）、カース（Kaas）、ケーゼ（Käse）、クェソ（Queso）などの語群があります。ジャンケット*を砕いたり、かき回したりする製法に由来すると考えられるブリス（Brise）、ブロス（Bross）、ブロッサート（Brossart）は、乳清*のチーズを表す言葉となりました。"型入れ"を意味するフロマージュ（Fromage）や、"籠"を意味するカネストラート（Canestrate）、"袋"を意味するブロッサ（Blosa）、"布"を意味するサルヴィジェータ（Salvilleta）など、道具の名称が使われているものもあり

ます。他にも、カード*を引きちぎる動作を表したモッツァ（Mozza）や、"切る"という意味を表すカッチョ（Cacio）、"二度煮る"という意味のリコッタ（Ricotta）、"圧搾する"という意味のスプレッサ（Spressa）などの製法を表す言葉もチーズの名前に見られます。

また、発酵乳やジャンケットの種類などを表した、カイエ、カイヨー、カセレ、カッシェイユ（Caillé、Cailloux、Caseret、Cacheille）や、スイル、シール、ユースト、オスト（Suir、Sir、Juusto、Ost）などもあり、カードに関連してチーズを表す言葉には、トム（Tome、Tomme）(P.170参照) があります。それから、原料となったミルクの種類を表すシェーヴル（Chèvre、山羊）やブルビ（Brebis、羊）、クー（Kuh、牛）など動物名の語群もあるので、もしかすると失われた名称のなかにはロバやラクダを表すものもあったかもしれません。

これらのことから考えてみると、たぶん最も古いものは発酵乳やジャンケット、カードなどを表す言葉で、次に動物の名を表す言葉。そして製法や道具などを表す言葉が生まれ、市場の名前がチーズ名にもなりました。多くのチーズが領地の名前を名乗るようになるのは、おそらく中世の階級支配が始まる頃からと推測できると思います。

ヤク乳のチーズを持つチベットの僧侶。チベットでは運搬用のヤクのミルクでチーズを作ってきた。

スイスの牛乳製チーズ、クー（Kuh）。

イタリアのカチョ・フィオール（Cacio Fior）。

* ジャンケット、カード、乳清：ジャンケット（junket）は、ミルクを乳酸菌や凝乳酵素で凝固させたゆるい固まり。カード（curd）は、ジャンケットから乳清を取り除いたもの。凝乳。フランス語でカイエ（caillé）という。乳清は、チーズの製造工程で、ミルクが固まった時に残る水分。ホエー（whey）。

チーズの作り方

チーズは大きく2つの種類、ナチュラルチーズとプロセスチーズに分けられます。

ナチュラルチーズは、伝統的には無殺菌乳を使って作られますが、現在は殺菌した原料乳を用いることが多くなってきました。ミルク、またはバターミルク、クリームを乳酸菌や酵素で発酵させて作ったジャンケットから乳清を取り除いたものと、それらを固形状にしたものをフレッシュチーズ、そしてそれを熟成させたものをナチュラルチーズと呼びます。

プロセスチーズは、1種類または2種類以上のナチュラルチーズを粉砕し、加熱して溶かしたものに、分離しないように乳化剤を入れて型入れしたもので、乳固形分40%以上のものです。工場製のチーズの多くはプロセスチーズで、20世紀の初頭にスイスの業者が開発しました。ピザなどの食品加工用も含め、今では欧米をはじめ各国の大手工場から世界に向けて流通しています。

日本では外国産のチーズは1989年4月から輸入が自由化されましたが、初めてチーズが輸入されたのは米軍の携行食としてのクラフトチーズで、戦後間もなくのことでした。ナチュラルチーズが一般に流通するのは、1951年の講和条約を待たなければなりませんでした。初めて空輸のチーズが登場したのは1960年代で、フランス食品振興会の協力で始まり、以後発展した各社の定期便で今日まで輸入されています。

<ナチュラルチーズの製法>

　一般的にパート・モル（pâte molle）と呼ばれるやわらかいチーズは、まず、搾乳した生乳（加熱殺菌したものは冷却する）に、乳酸菌や凝乳酵素などを入れて凝乳を作ります。次に、絹漉し豆腐のように固まったジャンケットをカットしてから、小さな穴のあいた型に流し入れ、チーズの熟成に余分な水分となる乳清をきります（カマンベールチーズや小さなシェーヴルなどは、ジャンケットをレードルで直接すくい取って型に流します）。充分に水分がきれ、形ができたカードを型から出し、自然乾燥させた後、表面に塩をします。これが型入れのチーズの製法です。カマンベールチーズなどの白カビタイプの場合は、型から出し、塩をした後で、白カビを表面に吹き付けてから熟成を始めます。

　ジャンケットをカットしてから加熱するグリュイエールに代表される大型の山のチーズや、ジャンケットを作る前にミルクにカビを入れるブルーチーズのように、チーズの種類によってそれぞれ製法が違います。各種チーズの特徴的な製法については、解説頁で紹介していますので、参考にしてください。

　一方でチーズは、原料となる乳の種類や生産地域、製造者によって、同じ製法でも風味が異なりますし、熟成管理の場所や方法でも香りなどが微妙に変わります。それは、同じレシピで作っても、作り手や材料の産地が違うと味わいが変わる"料理"とどこか似たところがあるのではないでしょうか。

　ちなみに、全乳で作る場合は、乳のコンディションにもよりますが、一般的には乳脂肪分45～52％のチーズができます。脂肪分を取り除いた脱脂乳で作る場合は、どれくらい乳脂肪を取るかによって、乳脂肪分0～45％のチーズを作ることができます。また、クリームを添加することによって、乳脂肪分60～75％の濃厚でクリーミーなチーズを作ることができます。

<チーズの基本的な製造工程>
　① 凝乳を作る　Caillage（カイヤージュ）
　② 型入れ　Moulage（ムラージュ）
　③ 脱水　Egouttage（エグタージュ）
　④ 型出し　Démoulage（デムラージュ）
　⑤ 加塩　Salage（サラージュ）
　⑥ 乾燥　Séchage／Ressuyage（セッシャージュ／レシュイヤージュ）
　⑦ 熟成　Affinage（アフィナージュ）

ホエーをきる皿。18世紀のもの。

<ミルクはどうして固まるのでしょう?>

ミルクが固まる瞬間はミラクルです。それはもう何十年も毎日チーズを作り続けている生産者でも、特別な感動があるようです。そしてそれは、求めていたジャンケットを彼が指の上で確かめた時、ソースが納得のいく光沢に仕上がったシェフの顔のごとく輝くことでもわかります。

では、ミルクはどのように液体から固体の凝乳になるのでしょう。チーズの基本となる凝固方法には、①酵素凝固によるもの、②乳酸凝固によるもの、③加熱凝固によるものの3つがあります。

①の酵素による凝固は、凝乳酵素によるもので、ほとんどのチーズに用いられています。動物性の酵素には、子牛の第4胃や、子羊、子山羊の胃から抽出するレンネット[*1]があります。植物由来のものでは、アザミやイチジク、パパイヤの酵素[*2]、そしてカビなどが産出する微生物由来の凝乳酵素もあります。ヨーロッパの田舎の小さな農家製のものには、今でも動物の胃から酵素を取り出して用いたり、山羊の胃袋でチーズを作ったりするものもありますが、多くは工場で製造される微生物由来のバイオ製品を用いて作られており、これが現在の市場の約3分の2を占めています。

②乳酸による凝固は、自然発酵と、乳酸菌を加えることによる発酵があります。それは、フロマージュ・ブランなどに代表されるリキッドに近い、やわらかいヨーグルトタイプのもので、チーズのオリジンともいえるものです。自然発酵は本来ミルクにもともと含まれている乳酸菌の働きを利用して固めるわけですが、時間がかかるので現在は人為的に乳酸菌などを加えています。

③加熱による凝固は、加熱して静置する方法と、撹拌する方法があります。酸度の高い乳清を加熱し、乳清の中に溶けているタンパク質を凝固させます。撹拌する手法の代表的なものに、ブロッチュ(P.49参照)やイタリアのリコッタチーズがありますが、現在は乳清に乳酸を加え、さらに凝固を確かなものにするために、多くは凝乳酵素を加えています。静置によるチーズづくりはアジア地域にも見られます。フランスでもブルターニュには古くから凝乳を作る壺があるように、20世紀半ば頃までのヨーロッパ各国の伝統的な食生活のなかにあったのだと思います。

山羊の胃袋で作ったイタリアのチーズ。

*1 レンネット:まだ乳を飲んでいる哺乳動物の胃から抽出される酵素。レンネット中の主要な成分で凝乳作用を持つ酵素をキモシンという。

*2 スペインやポルトガル、イタリアなどでは、今でもアザミ科の植物から凝乳酵素を抽出してチーズを作っている。イチジクやパパイヤの実から酵素フィチンやパパインを抽出して利用することもあるようだ。

チーズの分類

本書では、チーズ作りに共通する基本的な工程とその特徴から、チーズを7つのタイプに分類して解説していきます。

＜分類表＞

フレッシュ	① **フレッシュチーズ**（Les pâtes fraîches） 一般的に熟成させていないチーズ。乳脂肪分の含有率も0〜75%までさまざまで、乳清から作られるものもあります。また、モッツァレラなどパスタ・フィラータ製法で作られた熟成していないものもここに分類されます。	
パート・モル	② **白カビタイプ**（Les pâtes molles à croûte fleurie） カードを型から出し、塩をした後、表面に白カビ（ペニシリウム・カンディダム）を吹き付けて熟成させるもの。乳脂肪分45〜75%まであり、60%以上をダブルクリーム、75%以上をトリプルクリームと呼びます。	
	③ **ウォッシュタイプ**（ラヴェ／表皮を洗うチーズ） （Les pâtes molles à croûte lavée） カードを型から出し、塩をした後、表面を塩水やワイン、リキュールなどで洗ったり拭いたりして、表皮に付いたリネンス菌の繁殖によって熟成させたものです。	
	④ **自然の表皮を持つチーズ** （Les pâtes molles à croûte naturelle） 山羊のミルクで作られたシェーヴル（Chèvre）が代表的です。一般には自然の表皮を持つものですが、木炭粉をまぶしたものや白カビを吹き付けたものもあります。	
	⑤ **青カビタイプ**（Les pâtes persillées） カードを作る時にミルクにペニシリウム・ロックフォルティやペニシリウム・グロウカムなどのカビ菌を入れたり、型入れの時に混ぜたりして青カビを繁殖させたもの。表皮のないものや、自然の表皮を持つもの、白カビタイプのものもあります。	
セミ・ハード	⑥ **非加熱圧搾**（Les pâtes pressées non cuites） カードを型入れし、圧搾機で水分をきってしっかりとしたパートを作るチーズ群。古くから表皮を洗ったり、ブラシをしたりして熟成させ、保存の工夫がされてきました。	
ハード	⑦ **加熱圧搾** （Les pâtes pressées cuites／Les pâte pressées semi-cuites） ジャンケットを加熱しながら粉砕し、しっかりと水分を切った後でさらに圧搾機で水分をきって、長期保存のできるパートを作る大型タイプです。表皮を塩水でブラッシングして堅牢な表皮を作ることで、2〜3年の熟成ものができます。	

＊**凡例**（解説頁におけるチーズデータの見方）

●**チーズ名は、複数の呼び名がある場合は、一般的なものと思われる順に記載しています。**

※チーズ名の後に記した「A.O.P.」とは、EUが規定した地理的表示の一つで、Appellation d'Origine Protégée の略。原産地呼称保護などと訳される。優れた農産物を規制・保護し、製品の品質を保証する制度。フランスでは、A.O.P. の取得は、国内での審査を経て、A.O.C.（Appellation d'Origine Contrôlée）に登録されることを前提としている。A.O.C. はフランス国立原産地・品質研究所 I.N.A.O.（Institut National de l'Origine et de la Qualité）が管轄している。「I.G.P.」（Indication Géographique Protégée の略）も、EUが規定する地理的領域に密接に関わりを持つ農産物などに関する表示だが、A.O.P. は生産過程のすべてを地域内で行う必要があるのに対し、I.G.P. は生産過程のいずれかが地域内で行われていることが条件となる。

●**「牛」、「羊」、「山羊」は、各チーズの原料乳を表しています。**

●**「生」は生乳、「殺菌」は殺菌乳を表し、「脱脂」は脱脂乳を表しています。**
　殺菌の後にある（TまたはP）は殺菌処理法を表しています。

T：Thermisé（テルミゼ）
62（63）〜65℃でミルクを数分間殺菌処理すること。
P：Pasteurisé（パストリゼ）
ルイ・パストゥールによって発明されたパスチャライズドと呼ばれる殺菌処理で、2種類の方法がある。一つは62（63）〜65℃で30分加熱殺菌する方法で、LTLT（Low Temperature Long Time Pasteurization）殺菌と略される。もう一つは72〜75℃で15〜40秒の短時間で殺菌する方法でHTST（High Temperature Short Time Pasteurization）殺菌と略される。

●**各チーズのデータは、製造タイプ、生産地域、チーズの形状、重さ、MG（脂肪率）、生産者（生産方法）の順に記載しています。各チーズの製造タイプは以下の略号で表しています。**

F：Fraîche（フレッシュ）
PM：Pâte Molle（パート・モル／白カビタイプ）
L：Lavée（ラヴェ／ウォッシュタイプ）
C：Chèvre（シェーヴル／山羊チーズ）
B：Bleu（ブルー／青カビタイプ）
PPNC：Pâte Pressée Non Cuite（非加熱圧搾）
PPC／PPSC：Pâte Pressée Cuite／Pâte Pressée Semi Cuite（加熱圧搾）
※フォンデュとあるのは、ナチュラルチーズを粉砕し、加熱して溶かしてから固めて作ったもの。プロセスチーズ。

●**生産者（生産方法）は以下の略号で表しています。**

A：Artisanal（アーティザナル）
手作業でカードを型入れする伝統的な生産者。ミルクを他者から買う場合も含む。
F：Fermier（フェルミエ）
家畜の飼育からチーズの製造までを行なう農家。
L：Laitier（レティエ）
乳製品加工業者。多くは個人（または共同）で所有する家畜から生産したミルクと他から購入したもので作る加工場。
I：Industrielle（アンデュストリエル）　工場製。
M：Monastique（モナスティック）　修道院製。
C：Coopérative（コーペラティブ）　酪農協同組合。
At：Atelier（アトリエ）　1種類のものだけをつくる乳製品加工業者（レティエ）。
※フロマジュリーメゾンとあるのは、チーズ店のオリジナル加工チーズのこと。

　　　　※解訳文中の人物名への敬称は略しました。

フランスチーズ解説

フランスの地域圏と県

016 | フランスの地域圏と県

01 アン県
02 エーヌ県
03 アリエ県
04 アルプ=ド=オート=プロヴァンス県
05 オート=アルプ県
06 アルプ=マリティーム県
07 アルデシュ県
08 アルデンヌ県
09 アリエージュ県
10 オーブ県
11 オード県
12 アヴェロン県
13 ブーシュ=デュ=ローヌ県
14 カルヴァドス県
15 カンタル県
16 シャラント県
17 シャラント=マリティーム県
18 シェール県
19 コレーズ県
2A コルス=デュ=シュド県
2B オート=コルス県
21 コート=ドール県
22 コート=ダルモール県
23 クルーズ県
24 ドルドーニュ県
25 ドゥー県
26 ドローム県
27 ウール県
28 ウール=エ=ロワール県
29 フィニステール県
30 ガール県
31 オート=ガロンヌ県
32 ジェール県

33 ジロンド県
34 エロー県
35 イル=エ=ヴィレーヌ県
36 アンドル県
37 アンドル=エ=ロワール県
38 イゼール県
39 ジュラ県
40 ランド県
41 ロワール=エ=シェール県
42 ロワール県
43 オート=ロワール県
44 ロワール=アトランティック県
45 ロワレ県
46 ロット県
47 ロット=エ=ガロンヌ県
48 ロゼール県
49 メーヌ=エ=ロワール県
50 マンシュ県
51 マルヌ県
52 オート=マルヌ県
53 マイエンヌ県
54 ムルト=エ=モゼル県
55 ムーズ県
56 モルビアン県
57 モゼル県
58 ニエーヴル県
59 ノール県
60 オワーズ県
61 オルヌ県
62 パ=ド=カレー県
63 ピュイ=ド=ドーム県
64 ピレネー=アトランティック県
65 オート=ピレネー県

66 ピレネー=オリアンタル県
67 バ=ラン県
68 オー=ラン県
69 ローヌ県
70 オート=ソーヌ県
71 ソーヌ=エ=ロワール県
72 サルト県
73 サヴォワ県
74 オート=サヴォワ県
75 パリ
76 セーヌ=マリティーム県
77 セーヌ=エ=マルヌ県
78 イヴリーヌ県
79 ドゥー=セーヴル県
80 ソンム県
81 タルン県
82 タルン=エ=ガロンヌ県
83 ヴァール県
84 ヴォークリューズ県
85 ヴァンデ県
86 ヴィエンヌ県
87 オート=ヴィエンヌ県
88 ヴォージュ県
89 ヨンヌ県
90 テリトワール=ド=ベルフォール県
91 エソンヌ県
92 オー=ド=セーヌ県
93 セーヌ=サン=ドニ県
94 ヴァル=ド=マルヌ県
95 ヴァル=ドワーズ県

他、海外統治権 5 県

Abbaye de Belloc
アベイ・ド・ベロック

【羊／生】PPNC　ヌーヴェル＝アキテーヌ圏ピレネー＝アトランティック県 (64)
直径25cm　高さ9.5～11cm　4.5～5kg　MG45％　M（熟成のみ）

　ベロック修道院で本格的にチーズ作りを始めたのは1965年。オッソー＝イラティ(P.128参照)を真似て作られました。生ハムで有名なバイヨンヌから約20km、ウルト村の森を抜けた小高い丘にベロック修道院はあります。大西洋からの風を受けて育った牧場で、このオッソー＝イラティに似た圧搾チーズのミルクの提供種たちは育ちます。修道士の手作りチーズはここを訪れる人々にはもちろん、バイヨンヌでも好評となり、やがてパリでも入手できるようになっていきました。しかし、年中の羊の世話やアトリエへの設備投資などで採算が合わなくなり、修道院は2000年からショーム（Chaumes）＊を製造する大手工場に、修道院のレシピに基づく生産を依頼するようにしました。今でもベロックの独特の甘みと旨みは、この修道院の熟成カーヴで守られています。

＊ショーム（Chaumes）：フランスのチーズメーカー、ショーム社の看板商品で、ウォッシュタイプのセミ・ハードチーズ。サン・タントワーヌ・ド・ブルイの工場で、殺菌乳を用いて生産されている。

Abondance　A.O.P.
アボンダンス

【牛／生】PPSC　オーヴェルニュ＝ローヌ＝アルプ圏オート＝サヴォワ県 (74) 全域
直径38～43cm　高さ7～8cm　6～12kg　MG48～58％　F・L

　アラヴィ山系のアボンダンスの谷で作られているチーズです。古代ローマ時代の地理学者ストラボンが、アルプスの北斜面に沿って広くチーズが製造されていたと書いていることからも、アボンダンスの谷は古くからチーズの産地として有名だったことがわかります。7世紀には作られていたといわれてきましたが、確かな記録では1381年、カトリックの教皇を選出する会議がアヴィニョンで開かれた時の食事に、アボンダンスがサーヴィスされたことが当時の貴族の書簡に残っています。以来14世紀後半からアボンダンスは広くその名を認められるようになりました。チーズは谷の名を名乗っていますが、土地ではトゥペン（Toupin、壺の意）[*1]とも呼ばれていました。

　厚めの固い皮を取ると、中身はアイヴォリーまたは青みがかった黄色の引き締まったボディです。標高1300～1850mの夏の山

小屋・シャレ（chalet）で作られるものは味わいも格別です。アボンダンスの乳牛 *2 は年に150日の放牧の間、決められた土地の草や牧草のみを食むこと、他に飼料としては青いとうもろこし、かぶ、飼葉、麦藁やウマゴヤシ科の乾いた牧草を与えることも認められていますが、発酵した飼料を与えることや、指定地域以外の野生の牧草を食べさせることは禁じられています。

フェルミエ製は一度だけ、凝乳酵素を入れる前に30〜35℃に生乳を温めることができます *3。ジャンケットをカットして、45〜50℃まで温度を上げてカードを作り、40分後には布でカードをすくって型入れします。カードの側面にあるくぼみは大きな輪っぱ型の木枠に入れた後、側面にまわした綱で大きさを調節した時にくぼんだものです。かつてはそのくぼんだ側面に縄をかけ、ロバの背に2つのアボンダンスをのせて市場へ運んでいったのでしょう。

板を敷き、丸い型に麻布を敷いてカードを詰め、脇を締め、板を置いて枠に入ったチーズをいくつか重ねて圧搾機にかけます。そして型から出して12時間塩水に浸けた後、1日これを乾かしてからカーヴに運びます。10日間6〜7℃で熟成させた後、10〜13℃、湿度90%のカーヴのエピセアの棚の上で最低でも3ヵ月は定期的にひっくり返し、モルジュ（morge）液 *4 で拭き、乾塩をすり付けて、チーズの表面に独特の皮を作りながら熟成させていきます。この作業を10日に1回以上繰り返すことが定められています。

アボンダンスには、フェルミエ製と酪農協同組合・フリュイティエ（fruitier）*5 製があります。若いものは、ミルクのコクと酸味も程よく、ナッティな旨みがあり、熟成が進むとコクも深まります。1990年にA.O.C.を認められ、70軒の熟成業者が生産者から届けられるアボンダンスを伝統の味に仕上げています。サヴォワの白ワインでアボンダンスを溶かして味わうフォンデュ・ベルトー（Fondu Berthoud）*6 は、シャブレの谷の旨みを堪能できる地元の料理です。

*1　トゥペン（Toupin）：古プロヴァンス語に由来する言葉で陶製の壺。Toppin は古フランス語で同じ意味。プロヴァンスのトゥペンはすり鉢状で縁に取っ手が付いているもの。アボンダンスやサヴォワでは円盤型の硬質チーズのことを言う（『ロベール仏和大辞典』など）。

*2　アボンダンス牛、タリーヌ牛、モンベリアルド牛が認められている。現在は45%以上のアボンダンス牛の乳を用いることが決められている。

*3　アボンダンスは凝乳を半加熱（30℃から50℃にゆっくり加熱）するため、パート・プレッセ・セミ・キュイット（PPSC、半加熱圧搾）に分類されている。

*4　モルジュ液：いくつかの硬質チーズの表皮からとれる赤いバクテリアを塩水に溶かしたもの。そのバクテリアがタンパク質の加水分解に関与して特別なリネンス菌が繁殖する。それによって表皮を湿らせた時に、不要なダニ類を取り除く効果がある。

*5　フリュイティエ（fruitier）：ジュラ・アルプス地方の酪農協同組合の独特の呼称。

*6　フォンデュ・ベルトー（Fondu Berthoud）の作り方：
①アボンダンスは溶けやすいように薄くスライスしておく。深いグラタン皿を人数分用意する（好みでにんにくをこすり付ける）。
②鍋にグラス1杯の白ワインを温め、あらかじめスライスしてコーンスターチを薄くまぶしたチーズを入れて溶いていく。完全に溶けてふつふつしてきたらすぐ塩、胡椒、ナツメグを入れ、グラタン皿に移してオーヴンで5〜10分グラティネする。表面の焼き色が濃くなったところで取り出し、チーズのお焦げと中のフォンデュをパンに付けて食べる。

Aisy-Cendré
エジィ＝サンドレ

【牛／生】L　ブルゴーニュ＝フランシュ＝コンテ圏コート＝ドール県（21）
直径10cm　高さ3cm　250〜300g　MG45〜50%　F

　表皮を洗う若いチーズを1ヵ月灰の中に埋めて熟成させたこのチーズは、エジィ＝シュル＝ティル、またはアルマンソンという村名でも呼ばれていました。古くは、ぶどうの収穫時期に、チーズを保存するために、剪定した枝を燃やした灰の中で熟成させていました。穏やかな香りとやさしい味わいが灰まぶしの特徴です。中に芯のある若めのものも見られますが、よく熟したものはゆっくりと中身が流れ出る状態になります。

Apérobic ／ Les Apéro'Biques
アペロビック／レ・ザペロビク

【山羊／生・殺菌（P）】C　ブルゴーニュ＝フランシュ＝コンテ圏ソーヌ＝エ＝ロワール県（71）、プロヴァンス＝アルプ＝コートダジュール圏オート＝アルプ県（05）
直径（上）1.5cm、（下）2cm　高さ2cm　3g　MG45%〜　F・L

　小さなクロッシュ（鐘）の形のアペリティフ用の山羊チーズで、写真は標高1270mのセウズ山の麓のフェルミエ、ラ・シェヴレリィ・ド・セウズ（La Chèvrerie de Céüse）が生産するビオチーズです。アペロビックはアペリティフにぴったりの山羊チーズという意味を持たせた造語で、ポワトゥー＝シャラントやブルゴーニュ地方の農家でも作られています。小粋な一口の旨みが広がります。

Ardi-Gasna
アルディ＝ガスナ

【羊／生】PPSC　ヌーヴェル＝アキテーヌ圏ピレネー＝アトランティック県（64）
直径19cm　高さ6〜8cm　4〜5kg　MG45〜50%　F

夏の移牧の間に山小屋・カイヨラール（cayolar）で作られてきました。こすったり、ひっくり返したりしながら熟成させます。若いものはヘーゼルナッツとバターのような香りもあり、熟成が進むほどにコクが出て、羊の香りが強くなっていきます。アルディ＝ガスナはバスクの方言で"羊乳のチーズ"を表しています。フランスとスペインの国境のバスク地方や、古くはシャルルマーニュがピレネー山脈に作った辺境領（ウルヘル伯領）を起源とするアンドラ公国のマドリウ＝ペラフィタ＝クラロ渓谷では、今でも昔ながらのアルディ＝ガスナを名乗る羊乳チーズが作られています。

①アルディ＝ガスナ直売所の看板（A.O.C. フェルミエ）。
②家畜小屋に続く製造工房。乳清で豚も飼育する。
③ジャンケットを細長いハープでカットする。
④温度を見ながらかき回し、カードの粒をチェック。
⑤鍋の底に固まったカードの固まりを型に入れる。
⑥圧搾。
⑦工房にあるチーズの棚（ここで8日間熟成させ、その後協同組合のカーヴで80日間熟成させる）。

021

Banon / Banon à la feuille A.O.P.
バノン／バノン・ア・ラ・フィユ

【山羊／生】C　プロヴァンス＝アルプ＝コート・ダジュール圏アルプ＝ド＝オート＝プロヴァンス県（04）　直径 7.5 ～ 8.5cm　高さ 2 ～ 3cm　90 ～ 110g　MG40%～　F・L

　かつて高地プロヴァンスのチーズは季節によって異なったミルクで作られていました。春、夏は山羊乳、秋は羊乳、そしてその間に牛乳という具合に。そのなかでも有名だったのは、山羊のバノンで、プロヴァンスでは「バノン村のチーズ（Fromage de Banon）」と呼ばれていました。そしてそれが初めて公式文書に記載されたのは 1270 年、バノン村とサン＝クリストル村の仲裁判決文の中でした。この地方には昔、トムとだけ呼ばれた山羊や羊の小さなチーズがありましたので、このトムを栗の葉に包んで保存用にしたのがバノンの始まりでしょう。また、古くからこの土地の人々はトムを、オー・ド・ヴィーを入れた大きな壺に、タイム、ローリエ、クローヴ、胡椒と一緒に漬け込んで、クリスマスや新年のお祝いの時に食べていました。

　ミルクは、アルピン種、ローヴ種、プロヴァンサル種、またはこれらを交配させたものと決められています。飼料や放牧についての規定では、山羊は年間 210 日以上放牧させなくてはなりません。また、飼料として与える牧草やとうもろこし、大麦、小麦などの穀類の 70% 以上は原産地呼称統制地域で生産されたものであること、年間 1 頭の山羊から 850kg 以上の搾乳をしないこと、搾乳後は 18 時間以内に凝乳を作らなくてはならないことなどが決められています。

　山羊の全乳を 29 ～ 35℃に加熱している間に、凝乳酵素を入れます。凝乳は 2 時間以内に型入れしなければなりません。そしてそれは凝乳をルーシュですくって入れる手作業です。その後、18 ～ 48 時間は 20℃の部屋で管理し、型の中で 2 回はチーズを反転させます。型から出したトム・フレッシュと呼ばれる白チーズは 8℃で 5 ～ 10 日の間熟成させます。その後、ワインのオー・ド・ヴィーまたはぶどうの搾りかすで作るマールにくぐらせて栗の葉で包み、ラフィアの紐をかけます。出荷までは、8 ～ 14℃の温度、湿度 80% で 10 日以上熟成させます。この熟成の工程と、栗の葉のタンニンによって、バノン独特の風味が醸し出されるのです。

　葉が緑のものはややフレッシュで、爽やかな栗の緑と若いミルクの香り、葉が茶色になる頃は、カビもあって味も複雑になり、ほの

かに酒糟のような香りがします。日本にはビニール製の葉状のもので包んだものも輸入されています。

　他の地方にも栗やプラタナスの葉を敷いたり、それらで包んだりして熟成させる山羊乳チーズが見られます。代表的なものとしては、プロヴァンスに8世紀頃からあったと伝えられる4枚の葉で包んだトム・デ・キャトル（Tomme des Quatre）や、ドーフィネ地方のシャテニエ（Châtaignier）、ポワトー地方には昔ながらの山羊チーズで、栗の葉を敷いて熟成させたモテ (P.123参照) があります。

Baratte
バラット

【山羊／生】C　ブルゴーニュ＝フランシュ＝コンテ圏ソーヌ＝エ＝ロワール県（71）
直径3cm　高さ3cm　20g　MG45％　F

　昔、農家がバターを作るときに使っていた道具 "バラット" に似ていることから名付けられました。

　20世紀にブルゴーニュ地方（セーヌ川の上流）では、ヴィクスの王女の墳墓と呼ばれるケルト人の紀元前520〜515年頃の遺跡が発見されました。そこからはギリシャ植民地からの青銅の巨大な混酒器（クラテル）、エトルリア産の酒つぎなども発見されています。さらに、高貴な女性が珊瑚のブローチや純金製で480gもある精巧な彫刻のある首飾りを身に付けて、出土した四輪の柩車に横たわって眠っていました（C.Eluère）。エトルリアに影響されたヴィクスの王女のもてなしには、小さな山羊チーズやバラットで作るバターもあったのでしょうか。ローマの平和が訪れる前の古(いにしえ)に思いを馳せ、山羊乳のコクを味わいます。

バルース

ラモウン

Barousse ／ Ramoun
バルース／ラモウン

【牛／生】PPNC　オクシタニー圏オート＝ピレネー県（65）　直径19cm　高さ7cm
2kg　MG40〜50％　F

　ピレネー国立公園の中に位置するルールスやルーションの谷や、ポーの南にある聖地ルルド周辺の巡礼路では、牛のミルクでサヴォワ地方のトム（P.177 参照）のようなチーズが作られてきました。

　バルースは、やわらかいパートで、3ヵ月の熟成のものが好まれてきました。表皮がブロッサージュされ、パートの中にたくさんの気孔を持つものと、トムのような引き締まったパートを持つものの2種類があります。ラモウンもバルースと同様のチーズで、サン＝ゴーダンス（Saint-Gaudens）の谷の名で呼ばれていました。

Beaufort ／ Gruyère de Beaufort A.O.P.
ボーフォール／
グリュイエール・ド・ボーフォール

【牛／生】PPC　オーヴェルニュ＝ローヌ＝アルプ圏サヴォワ県（73）のほぼ全域、オート＝サヴォワ県（74）の一部　直径35〜75cm　高さ11〜16cm　20〜70kg
MG48％〜　F・A

　ローマ時代の博物学者、大プリニウスによれば、チェントロニアン・アルプス（ボーフォールやルブロション（P.142 参照）が作られているサヴォワ・アルプス地方）は、チーズの産地としてローマでも有名でした。

　大金持ちのローマ人だけが買うことができた「ワトゥシクム」というチーズについて、パトリック・ランス（P.Rance）は、「大プリニウスが『ワトゥシクム』と呼んだチーズは、ボーフォールのように高温で加熱した比較的大型のチーズである」と定義していますが、今でもローマで評判だったワトゥシクムという名のチーズが何であったかは謎です。しかし、ローマ時代の地理学者ストラボンによれば、

アルプスの北側斜面ではチーズが広く製造されており、山岳チーズはケルト人が居住していた谷間や平地に運ばれたといわれていますので（P.Kindstedt）、ボーフォールと呼ばれるチーズになる前にサヴォワ地方で作られていた評判のチーズだったのかもしれません。

モン・ブランの麓、ヴァノワ国立公園、オート・サヴォワを中心としたアルプスの西側で作られる山のチーズは秀逸であるとされてきました。なかでもボーフォールは「グリュイエールのプリンス」とブリア＝サヴァラン（Brillat-Savarin）[*1]が認めたと伝えられています。

800ℓのミルクをショードロン（chaudron）という大きな銅鍋で加熱して、32～34℃で凝乳酵素を入れます。ミルクは30分ほどで凝乳になり、これを細かく均一にカットして大きめの米粒程の大きさにし、40分程かき回しながら53～56℃まで温めるブラッサージュという作業をします。これは、凝乳から水分を放出し、できるだけ引き締まったカードを作るための、加熱圧搾チーズ独特の作業です。次に大きな麻の布で、細かくなったカードを包むようにしてすくい、鍋から出します。そしてブナの樹でできた大きな輪っぱ型に入れ、布の口を閉じ、輪っぱ型の側面にまわした細い縄を締め、上からカードを押さえて脱水します。それから、20時間の間に最低でも5回はひっくり返して、そのたびに布を新しいものに交換します。こうして脱水を終えたら、チーズを型に入れたままカーヴに運びます。翌日、ボーフォールを型から出し、塩水に丸1日浸けた後、6～12℃のカーヴで週に2回手入れをしながら少なくとも5ヵ月、長いもので18ヵ月熟成させ、香りと味を醸し出していきます。

6月に仕込んだ標高1500m以上の山小屋・シャレ（chalet）ものが11月に町に届きます。夏山の草を食べたタランテーズ牛[*2]のミルクの若いチーズには、生の木の実の香りがあります。さらに時を経た12ヵ月もの、18ヵ月もののボーフォールは、次第に深い黄色になり味も濃くなってきます。そこにはアミノ酸の粒も見られ、フルーティーなコクと独特の旨みのあるものとなります。

ボーフォールはさまざまな郷土料理、タルト、グラタン、フォンデュに使われることはもちろん、小さな長方形に切って生ハムを巻いたり、ピクルスやオリーブと一緒に楊枝に一緒にさしたりして、アペリティフにもなります。フォンデュ・サヴォヤード[*3]はボーフォールを使ったサヴォワ地方のフォンデュです。

*1　ブリア＝サヴァラン：ジャン・アンテルム・ブリア＝サヴァラン（Jean Anthelme Brillat-Savarin 1755～1826）はフランスの法律家。作家、料理研究家としても知られ、美食学を極めた。『美味礼賛』は今日でも評価が高い著書で、原題の『味覚の生理学（Physiologie du Goût）』の副題「超越的ガストロノミーをめぐる瞑想禄」から、ガストロノームという言葉が出版以降次第に使われるようになった。

*2　牛種はタランテーズ、アボンダンス、その交雑種と規定され、放牧が義務付けられている。シャレ・ダルパージュ（Chalet d'Alpage、山小屋製）とエテ（Eté、夏物）には赤い角のカゼインマークが付けられる。他は青のカゼインマーク。

*3　フォンデュ・サヴォヤード（Fondue Savoyarde）：ボーフォール（熟成の若いもの300～400gと熟成したもの300～400g）、にんにく1片、白ワイン40cc、コーンスターチ、キルシュ各大さじ2、塩、胡椒、ナツメグで作るフォンデュ（1鍋4人分）。

Bethmale
ベツマル

【牛／生】PPNC　オクシタニー圏アリエージュ県（09）
直径 25 〜 40cm　高さ 8 〜 10cm　3.5 〜 6kg　MG45 〜 50%　F

　ベツマルは原産地のベツマルの谷にある小さな村の名前です。このチーズは、夏は山小屋で、冬は谷のフェルミエで作られてきました。
　12 世紀に肥満王といわれたルイ 6 世に、ベツマルに近いサン＝ジロンでサーヴィスされたことが評判となり、13 世紀には土地の市場で「サン＝ジロンの肥満王チーズ！」という掛け声で売られるようになっていました。19 世紀に入るとこのチーズの人気が高まり、ベツマルの名前で広く知られるようになり、ベツマル周辺のサン＝ジロンやロガール、ブスナック、アリエージュなどの村でも作られるようになりました。今ではベツマルに似たいくつかのチーズは、その土地の名で呼ばれることもあります。
　湿度の高いカーヴで 2 〜 3 ヵ月熟成させる間、毎日ブロッサージュしてそのオレンジ色の表皮を作ります。また、ベツマルの谷やその周辺では山羊のミルクで作るシェーヴルもあり、ベツマル・シェーヴル（Bethmale Chèvre）の名、または作られた村や農家の名前で出ています。

Bigulia ／ Brebis de Corse
ビグリア／ブルビ・ド・コルス

【羊／生】PPNC　コルス圏オート＝コルス県（2B）
直径 19 〜 20cm　高さ 8cm　2.5kg　MG45%　L・C

　村名を名乗るビグリアは、ル・ブヴァンコ（Le Bevinco）の工房で生産されています。引き締まったパートで、少し気孔が見られます。羊独特のバターのようなよい香りと甘さが口中に広がり、旨みが長く後味に残ります。コルスでは古くから羊乳チーズが作られてきました。古代から外国の侵入を受けたコルスは、それゆえ文化の訪れも早い地でした。ギリシャ人、エトルリア（ローマ）人に続いてサラセン人の文化の洗礼を受けています。

《ブルビ（Brebis）と名の付くチーズ》

　フランスのグラン・コース地方やセヴェンヌ地方では、ロックフォール（P.149参照）を作るために多くの羊が飼育されていますが、同様にピレネー＝オリアンタル県やコルス地方でも放牧飼育を行なっています。

　羊を意味するブルビ（Brebis）と、生産地を組み合わせた名前のチーズには、下記のようなものがあります。

・Brebis de Cavalerie（ブルビ・ド・カヴァルリ）
　オクシタニー圏アヴェロン県（12）　直径6～7cm　高さ2cm　85g　F
・Brebis du Meyrueis（ブルビ・デュ・ミュルイ）
　オクシタニー圏ロゼール県（48）100g　C（GAEC）*
・Brebis de Montlaux（ブルビ・ド・モントロー）
　プロヴァンス＝アルプ＝コート・ダジュール圏アルプ＝ド＝オート＝プロヴァンス県（04）
　直径11cm　高さ2.5cm　240～250g　A
・Brebis de Perrusson（ブルビ・ド・ペリュソン）
　サントル＝ヴァル・ド・ロワール圏アンドル＝エ＝ロワール県（37）
　直径6.5cm　高さ3cm　120～130g　F
・Brebis du Pays Grassois Province（ブルビ・デュ・ペイ・グラソワ・プロヴァンス）
　プロヴァンス＝アルプ＝コート・ダジュール圏アルプ＝マリティーム県（06）
　20×12×高さ5～6cm　1.5～2kg　F
・Brebis des Dombes（ブルビ・デ・ドンブ）
　オクシタニー圏アヴェロン県（12）　直径8cm　高さ2.5cm　110g　F

＊GAEC（Groupement Agricole d'Exploitation en Commun）:
1962年8月に初めて組織された家族経営農家の協同組合。

《コルスの羊（Brebis Corse）》

　イタリア半島の隣に浮かぶうるわしの島コルス（コルシカ島）。中央には標高1500～2000m級の山々が南北に連なり、そそり立つ白い岩の岸壁に砕ける波しぶきが海岸線を描き上げています。コルスは、南の島でありながら標高の高い山々を抱えるため、地中海地方独特の植物と高山植物とが群生し、そのなかにはこの島独特の珍しい80種近くの植物が自生しています。起伏に富んだ土地と気候は、独特の自然条件に耐えられる山羊と羊の酪農を育てました。

　県庁所在地のアジャクシオはコルスの西の玄関で、灌木林（Maquis）のある景勝地としても名高く、ここでブラン・ダムール（P.47参照）やフルール・デュ・マキ（P.47参照）が生まれています。他にもコルスにはフレッシュチーズで有名になったブロッチュ（P.49参照）をはじめ、洗うチーズのニオロ（P.127参照）、ヴェナコ（P.183参照）など他にも多くのフェルミエ製の羊や山羊のやわらかいチーズがあります。他にも、山のトム（トム・ド・コルス）に代表される圧搾して作る羊乳チーズがあります。

　自然の中で半ば野生的に育てられた山羊や羊は、この島の草花を食べて濃いミルクを作ります。フレッシュなものは、甘くコクのあるチーズに。長く熟成させたものは、味も香りも強いコルスの野趣が味わえます。コルスでは1999年に土地の農家製チーズの伝統的な製法を守り、販売促進を図るために、カスジウ・カサニュ（Casgiu Casanu、土地の言葉で農家製、または山でチーズを作る羊飼いの意）という生産者を守る組合ができました。現在は120軒の農家が登録しています。

Bleu d'Auvergne A.O.P.
ブルー・ドーヴェルニュ

【牛／生・殺菌】B　オーヴェルニュ＝ローヌ＝アルプ圏ピュイ＝ド＝ドーム県（63）、カンタル県（15）全域、オート＝ロワール県（43）の一部。オクシタニー圏アヴェロン県（12）、ロット県（46）、ロゼール県（48）の各一部、ヌーヴェル＝アキテーヌ圏コレーズ県（19）
大：直径19～23cm　高さ8～10cm　2～3kg、小：直径8～11cm　350g・500g・1kg　MG50%～　L・C

カンタル（P.62参照）やサレール（P.163参照）を生んだオーヴェルニュの山々からロックフォール（P.149参照）が作られているアヴェロン県を含むミディ＝ピレネー周域では、ロックフォールを真似てさまざまなチーズが作られてきました。ドール山塊では元祖ブルー・ドーヴェルニュともいえる牛乳のブルーチーズがかなり古くから作られていたといわれており、土地では自家用の乳清チーズに青カビが発生したものがオリジンであると伝えられているようです。19世紀の半ばになって、土地の農家が凝乳にパン・ド・セーグルのカビを入れてブルーチーズを作ろうと試みたのが、現在のブルー・ドーヴェルニュの始まりです。オーヴェルニュ地方では、そのままパンと食べたり、グラタンやサラダのソースに溶かしたりして使われています。

Bleu de Bresse ／ Bresse Bleu®
ブルー・ド・ブレス／ブレス・ブルー

【牛／生・殺菌（P）】B　オーヴェルニュ＝ローヌ＝アルプ圏アン県（01）
直径8cm　高さ5.5cm　250g　MG55%　I

フランスにゴルゴンゾーラがまったく入荷しなくなった第二次世界大戦の初めに、イタリア製に対抗して作られました。当時は、サンゴルロン（Saingorlon）という名前で大きめのものでしたが、それは大戦後には見られなくなり、現在は工場製の小さなサイズが生産されています。ペニシリウム・カンディダンを吹き付けた白カビの表皮を持つブルーチーズは、マイルドな風味が特徴です。

Bleu de Gex ／ Bleu du Haut-Jura ／
Bleu de Septmoncel A.O.P.
ブルー・ド・ジェクス／
ブルー・デュ・オー＝ジュラ／
ブルー・ド・セットモンセル

【牛／生】B　オーヴェルニュ＝ローヌ＝アルプ圏アン県（01）、
ブルゴーニュ＝フランシュ＝コンテ圏ジュラ県（39）の両県の一部
直径31〜35cm　高さ8cm　6〜9kg　MG50％〜　A・C

　高地ジュラでは、アン県のジェクス地域と、ジュラ県のサン＝クロード地域の各共同体でチーズが作られていましたが、ブルーのできばえのよさで評判となり、チーズが運ばれた市場の名前ジェクスで知られるようになりました。モンベリアルド種またはシメンタル種のミルクから作られるこのチーズは、1頭の牛につき、1ha以上の広さで牧草を与えることが定められています。

　27℃で凝乳酵素とブルーの素を入れ、2時間後、ジャンケットを細かくえんどう豆ほどの大きさにカットし、乳清をきった後に型入れします。表皮に加塩した後、木製で小ぶりのキュボー（cuveaux）という小さな桶のような型に入れて48時間を超えないように寝かせます。この作業と時間が、このチーズに特有のグレーの表皮とアイヴォリーのパートを作るといわれます。熟成庫に入れる前に全体に針を通してチーズに穴をあけ、青カビ（ペニシリウム・グロウカム）がパセリの葉のようにチーズの中で開くのを助けます。製造から3週間以上は土地のカーヴのエピセアの棚で熟成させることが義務付けられています。表皮は乾燥し、白い粉を吹いたようにざらっとした感じになり、そこにはGexの文字が刻まれていなくてはなりません。次第に赤い斑点が現れてくるものもあります。中身は白っぽいアイヴォリーで、まろやかな風味のブルーです。2つの協同組合とアーティザナルの工房、1軒の熟成業者がチーズのコンディションを管理しています。

Bleu de Laqueuille
ブルー・ド・ラクイーユ

【牛／生・殺菌（P）】B　オーヴェルニュ＝ローヌ＝アルプ圏ピュイ＝ド＝ドーム県（63）、カンタル県（15）　直径19〜20cm　高さ8〜10cm　2.3〜2.7kg　MG45〜50%　L・C

　オーヴェルニュのブルー。もともとこのあたりでは古くからプティ・トム・ブランシュ（Petite Tomme Blanche、小さくて白いトムの意）が作られていましたが、1850年にラクイーユ村の研究熱心なチーズ農家のアントワーヌ・ルースル（Antoine Roussel）が、パン・ド・セーグルから作った青カビを混ぜてチーズを作り、これが評判となり、この地域の特産として認められるようになったものです。ラクイーユ村の乳業協同組合が伝統を守って生産するブルーは、湿度の高い熟成庫で3ヵ月間手入れし、出荷します。

Bleu des Causses　A.O.P.
ブルー・デ・コース

【牛／殺菌（T・P）】B　オクシタニー圏アヴェロン県（12）、ロット県（46）の全域。ロゼール県（48）、ガール県（30）、エロー県（34）の一部
直径20cm　高さ8〜10cm　2.3〜3kg　MG45%〜　A・L

　アヴェロン県ミヨー周域の、サンタフリク（Sainte-Affrique）と呼ばれる石灰岩の山とタルン渓谷に囲まれた地域で、このチーズは作られてきました。ミヨーはロックフォール（P.149参照）の眠るロックフォール＝シュル＝スールゾン村への入口の小さな町です。ロックフォールの製法を真似て牛乳で作られたブルー・デ・コースは、熟成もロックフォール＝シュル＝スールゾン村でこそありませんが、石灰岩の自然のカーヴで行なわれています。

　遠い昔に羊飼いが洞窟にパンとチーズを置き忘れ、何日かして戻ってみるとカビの生えたチーズがありました。もったいないので恐る恐る食べてみると、なんと美味しいではありませんか。このようにして生まれたといわれるフランスのブルー伝説はロックフォールのものですが、アヴェロンやその周辺の農家の石灰岩の洞穴で熟成させてきたブルー・デ・コースも古くは羊乳製 * だったかもしれません。ペニシリウム・ロックフォルティを用いた独特の香りがなめらかに溶けて、しっかりとした塩味と上品なブルーの味わいがあります。

＊19世紀後半までは、ブルー・ド・コルス（Bleu de Corse）というコルスの羊乳で産する2.5kgのチーズが放牧の季節に製造され、それらはコンバルー山の洞窟以外の石灰岩台地の洞穴で熟成させていた。1947年の法令により牛乳製となった。A.O.P.の規定で牛乳のブルー・デ・コースは少なくとも70日間土地で熟成させる。

Bleu de Termignon
ブルー・ド・テルミニョン

【牛／生】B　オーヴェルニュ＝ローヌ＝アルプ圏サヴォワ県（73）
直径28cm　高さ10cm　7kg　MG50%　F（山小屋製）

　青カビが自然発生するチーズで、近年までフランスでもあまり知られていませんでした。ヴァノワーズ公立公園に放牧したアボンダンス牛のミルクで作られます。カビの秘密は、イタリアとの国境となるモン＝スニ峠までの、アルプスの草花を食べたアボンダンス牛のミルクの中にあるといわれます。山小屋で型入れしたチーズは、加塩後、檜の一種であるパンセンボ（pincembo）の棚の上にのせ、山を下りるまでの間熟成させます。昔は土地の人しか食べなかったブルーでしたが、パリのレストランで紹介されその名を認められるようになりました。イタリアのブルー・デュ・モン＝スニ（Bleu du Mont-Cenis）またはブルー・ド・ブサンス（Bleu de Bessans）と呼ばれるものと同様のチーズである（*P.Androuët*）と考えられています。

Bleu du Vercors-Sassenage A.O.P.
ブルー・デュ・ヴェルコール＝サスナージュ

【牛／生・殺菌（T）】B　オーヴェルニュ＝ローヌ＝アルプ圏ドローム県（26）、イゼール県（38）　直径 27 〜 30cm　高さ 7 〜 9cm　4 〜 4.5kg　MG48%〜　F・C

　このチーズのオリジンは、ジュラに古くからある修道院ではないかといわれています。確かなものは、1338 年 6 月 28 日発布の法令に、アルベール・サスナージュ（Albert Sassenage）侯が、このブルーチーズを自由に売る許可を、領内のヴィラール＝ド＝ラン村の佳人に与えた記録が残っています。フランスの農学者オリヴィエ・ド・セール（Olivier de Serres）は、1600 年に出版した『農業経営論』の中で牛乳と山羊乳または羊乳を混入する特別なチーズとして紹介し、18 世紀にドゥニ・ディドロ（Denis Diderot）とジャン・ル・ロン・ダランベール（Jean Le Rond d'Alembert）の『百科全書』にもこのチーズが記載されています。

　このチーズは、国立自然公園特別指定地域となっている標高 800m の高原地帯で作られていましたが、乳製品工業化の波にのまれフェルミエ製はなくなっていました。しかし 1980 年代後半に自然食品やアーティザナル食品のブームが起こり、今はドローム県の 13 の協同組合、イゼール県の 14 の協同組合とフェルミエが伝統のチーズ作りを受け継いでいます。

　アボンダンス種とヴィラールド種、またはモンベリアルド種の生乳に、凝乳酵素と発酵乳、ペニシリウム・ロックフォルティを加えて凝乳を作ります。ブルーは加塩後、パートの中で花開きます。熟成は、凝乳を作った日から 21 日以上。独特の旨みがあり、フランソワ 1 世が認めた本物の風味を伝えています。

Bonde de Gâtine
ボンド・ド・ガティーヌ

【山羊／生】C　ヌーヴェル＝アキテーヌ圏ドゥー＝セーヴル県（79）
直径4〜5cm　高さ5〜6cm　140〜160g　MG45%〜　L・C

　フランス西部の大西洋からセーヴル川をニオールまで遡る一帯は、中世にオランダの技術に助けられ、大干拓が行なわれました。ドゥー＝セーヴルはフランス革命後に誕生した県で、かつてのポワトーの一部やアンジューも含まれていました。ニオールに近いエシレには、新石器時代からの定住地があったといわれています。また、バターでも有名なこの町では、ガロ・ロマン時代の神殿跡も発見されています。太古より舟によって川を移動できた人々や、海にも繋がるその支流に定住していた部族の土地は早期から文化が開けていったようですが、それ故に多くの侵攻を受ける歴史を持っています。

　ガティーヌを名乗る山羊チーズは、古典的な樽の栓の形をしています。現在は小規模生産者が少なくなり、国の関連する機関が指導する農業協同組合・GAEC（P.27 註参照）で作られています。古フランス語でガティネ（Gâtinais）と呼ばれた地域は、山羊チーズのメッカで、今では年中その美味しさを都市へ供給しています。ガティーヌは4〜10週間が食べ頃とされています。

Bonjura
ボンジュラ

【牛／殺菌】フォンデュ　ブルゴーニュ＝フランシュ＝コンテ圏ジュラ県（39）
直径5.7cm　高さ1.6cm　42.5g　MG50%　I

　ベニエ・インターナショナル社によって年2回フランス国防省に納品される軍隊用のチーズで、缶入りのエメンタルとコンテを溶かして仕上げたスプレッドタイプ。130〜140℃で殺菌されているので、賞味期間が4年と長いのも特徴です。ハム風味のものや、サン＝ポーラン（P.162参照）、ロックフォール（P.149参照）などを配合しているものもありましたが、1996年にジャック・シラク大統領が国民への兵役の義務を廃止して以降、この製品は生産されていません。

　工場製のチーズは1907〜08年にスイスで試作され、11年にゲルベール社で商品化に成功、同じ頃アメリカでも成功が伝えられました。フランスでは1921年にジュラにあったフロマジュリー・ベル（Fromageries Bel）社が工場生産をはじめ、「ラ・ヴァッシュ・キ・リ」や「アペリキューヴ」などを作り、一大ブランドとなりました。

Bouchon / Bouchon de Sancerre
ブション／ブション・ド・サンセール

【山羊／生・殺菌（P）】C　サントル＝ヴァル・ド・ロワール圏シェール県（18）
直径1.6〜1.8cm　高さ4〜4.5cm　15〜20g　MG45%　F・L

　ロマネスク教会が残るサンセールは、古くからロワール川を臨む「丘の上の町」として栄えていました。ロワール川は中世から手つかずの自然の姿で流れる、ヨーロッパでも最後の雄大な川の一つとして知られ、サンセールはその上流地域で、山羊チーズとワインの産地として有名です。このシェーヴルはその名の通りワインのブション（栓形）。7日以上の熟成で出荷されるチーズは、アルピン種のコクのあるミルクの甘みと酸味を味わいます。

Boulette d'Avesnes
ブーレット・ダヴェンヌ

【牛／生・殺菌】L　オー＝ド＝フランス圏ノール県（59）　直径（底）6〜8cm
高さ8〜10cm　180〜250ｇ　28%〜　(F・A)・MG45% (L・I)　F・A・L・I

　洋なし形で、赤茶色。壺型パンのようにも見えるチーズは、型崩れしてしまったマロワル（P.114参照）や、余ったカードにバターを作った後の乳清で作った脱脂乳のカードを足して作っていました。人々の暮しが豊かでなかった時代の農家は、このようにミルクを最後まで無駄なく利用していたのです。
　アヴェンヌの団子（ブーレットは小さな球、団子の意）は、パートにエストラゴンやパセリを入れ、胡椒で香り付けしています。フェルミエ製のものはすべて手作りで、表面を塩水で2〜3ヵ月洗いながら熟成するものと、ロクーでオレンジ色に着色するか、パプリカなどをまぶして仕上げるものがあります。また、ビールで表皮を洗って熟成するものも作られてきました。このようなチーズは、北部地方ばかりでなく、リヨネやブルゴーニュなどでも作られてきましたが、現在は手作りのものが少なくなってしまいました。

Boulette de Cambrai
ブーレット・ド・カンブレ

【牛／生】PM（手作り）　オー＝ド＝フランス圏ノール県（59）
直径（底）6〜8cm　高さ10cm　180〜250ｇ　MG45%　F・A

　カンブレで作られるブーレットは、エストラゴンとにんにく、胡椒を混ぜ込んでいます。古くは天陽干しをして乾燥させていました（P.Olivier）。フレッシュでも食され、焼いたパンに塗ってコクのあるビールを1杯というのが定番。少し乾燥したものはこのエストラゴンとにんにくの強い香りをクリームでやわらかくして、肉料理のソースなどにも使います。にんにくや香草を入れて作るチーズは、古くメソポタミア文明の時代から調理にも使われてきました。

Boursault
ブルソー

【牛／生・殺菌】PM　イル＝ド＝フランス圏セーヌ＝エ＝マルヌ県（77）
直径8cm　高さ4cm　200g　MG75%　L

第二次世界大戦後、人々が豊かな暮しに戻り始めたころ、ブリのような香りのあるやわらかいチーズを目指し、マダム・ブルソー（Mme.Boursault）がレシピを考案してできたオリジナルのトリプルクリーム。少し酸味がありますが、口当たりはまろやかでクリームのように溶けていきます。

この他にもブリ地方では、ピエール・ロベール（P.136参照）やル・トリプル・クレーム・デュケーヌ（Le Triple Crème Duquesne）、ヴィーニュレ（Vignelait）、ヴァレントロワ（Villentrois）などの乳脂肪75％以上のトリプルクリームチーズが作られてきました。

Boursin®
ブルサン

【牛／殺菌】F　ノルマンディー圏　直径8cm　高さ4cm　150g　MG70%　I

牛乳に生クリームを混ぜて作った高脂肪のチーズで、にんにくと香草入りのもの、胡椒入りのものなどがあります。そのままバゲットやクラッカーに塗ってアペリティフに。また、エスカルゴバターの代わりに料理に使ったり、サーモンとの相性もよいのでソースに使ったりします。最近は小ぶり（125ｇ）で、表面全体に粗挽き胡椒をまぶしたものやクルミまぶしのもの、シブレットまぶしのものなどさまざまなものがあります。香草入りのフロマージュ・ブランは、もともとはノルマンディーのラ・ボンヌヴィル＝シュル＝イトンのレティエで誕生したものですが、古代ローマの人々も同様のチーズを作り、サラダにして食べていたことがわかっています。

Bouton de Culotte ／ Cabrion
ブトン・ド・キュロット／カブリオン

【山羊／生】C　ブルゴーニュ＝フランシュ＝コンテ圏ソーヌ＝エ＝ロワール県（71）
直径3〜4cm　高さ3〜4cm　30〜40g　MG32〜45%　F

「ズボンのボタン」という名前。この小さな農家製のチーズは、かつて季節によって山羊乳と牛乳を混ぜて作られることもありました。マコネでは、カブリオンとも呼ばれていました。またリヨネ地方では固くなったものを削り、それと同量の古いコンテ（P.76参照）、バター、白ワインを壺に入れて発酵させたフロマージュ・フォール・マコネ（Fromage Fort Mâconnais）を保存食にしていました。

ブトン・ド・キュロット・アフィネ・ア・リュイール・ドリーヴ・オー・ゼルブ・ド・プロヴァンス（Bouton de Culotte Affiné à l'Huile d'Olive aux Herbes de Provence）は、ブトン・ド・キュロットのハーブ入りオリーブ油漬け。

Bouton d'Oc
ブトン・ドック

【山羊／生】C　オクシタニー圏タルン県（81）
直径（底）2.5cm　高さ3cm　12〜15g　MG45%　F・L

ラングドックの山羊チーズで、オックのブトン（呼び鈴）と呼ばれ、その形を表しています。アペリティフに、歴史の音が聞こえてきそうな山羊乳の旨みを味わいます。ラングドックは南仏の地方名で、13世紀にフランス王領となった地です。オック語を話す人々が守る紋章には、異端とされたネストリウス派の十字架が描かれています。

Brie de Malesherbes
ブリ・ド・マルゼルブ

【牛／生】PM　イル＝ド＝フランス圏セーヌ＝エ＝マルヌ県 (77)
直径 18 〜 20cm　高さ 3cm　約 400g　MG40 〜 45%　L・A

　1982 年にフォンテヌブローで、市役所の古い乳の納税記録から、カビに覆われたブリの熟成資料「ブリ・デ・モワソン（Brie des Moisson）」が見つかりました。これを調べたところ、モントローのサブロヌーズ平野で作られたブリ・ド・モントロー（P.44 参照）を熟成させたものだということがわかりました。この資料を発見した熟成士のローラン・バルテルミー（Roland Barthélemy）の努力によって、このブリは 21 世紀に命を吹き込まれ、ブリ・ド・マルゼルブの名称で市場に出ました。フォンテヌブローで育てられた牛のミルクで作るブリ・ド・マルゼルブは、6 週間の熟成でチーズのコクと旨みを味わいます。

Brie de Meaux A.O.P.
ブリ・ド・モー

【牛／生】PM　イル＝ド＝フランス圏セーヌ＝エ＝マルヌ県 (77) 全域。グラン・テスト圏オーブ県 (10)、マルヌ県 (51)、オート＝マルヌ県 (52)、サントル＝ヴァル・ド・ロワール圏ロワレ県 (45)、オーヴェルニュ＝ローヌ＝アルプ圏ムーズ県 (55)、ブルゴーニュ＝フランシュ＝コンテ圏ヨンヌ県 (89) 各県の一部
直径 36 〜 37cm　高さ 3.5cm　2.6 〜 3.3kg　MG45%　A・L

　ロックフォール（P.149 参照）と並んで「王のチーズ」「チーズの王様」とも呼ばれるブリは、王侯貴族の歴史と深い関わりを持っていると伝えられています。フランスの皇帝シャルルマーニュは、ブリを試食し「余はまさに極上の一品を発見した」とのたまい、以後エクス・ラ・シャペルへ献上させたといわれています。しかし、このことは年代的に考証すると難しいと思われます。なぜならこの頃、ブリはまだ小さな型で作られていたのです。

　1217 年にはプロヴァンの大市で、ジェルヴェという名の用達係が、王フィリップ 2 世に 200 個のチーズを買って送りました。それは 1880 年のサンドニ修道院の史料にあり、その価格は 500 フランで、贈物の依頼主は、シャンパーニュ侯爵夫人ブランシュ・ド・ナヴァールでした。王フィリップへ贈られたこのチーズは、宮殿でガ

レット・ド・ブリ（Galette de Brie）という美しい名前を得ました。また、1309 年の 5 月 1 日からブリのフレッシュチーズは、サン・レミの日まで貧しい人や病人に配給されました。このことは、『通称と箴言（Ditset Proverbes）』という 14 世紀に書かれた記録にあり、それはパリの国会図書館に保管されていることがわかっています。

　こうしてみると、フィリップ 2 世やルイ 7 世、アンリ 4 世や王妃にも愛されたという逸話もにわかに信憑性を持ってきます。また、ブリは数々の詩にも登場しています。ルイ 12 世の父オルレアン公は

　　我が愛しき心　貴女に贈る
　　私が選んだ　ブリ・ド・モー
　　それはこの上なく美味なもの
　　君の不在に心は物憂い
　　食するときも失う程（略）

と謳い上げて美女を口説いていました。そして 15 世紀にはパンタレオーネ・コンフィエンツァ（Pantaleone Confienza）が『輝かしき世界のカタログ（Catalogues Gloriae Mundi）』でブリを素晴らしいチーズだと認めています。下記は、17 世紀のマルク・アントワンヌ・ジラール・ド・サン＝タマン（Marc Antoine Girard de Saint-Amant）＊の詩「ゴアンフル（Goinfre）」の抜粋です（P.Androuët）。

　　おお神よ　なんと貴き　命の糧
　　世にも　希なる　その美味し物
　　我が幻想と引きかえに
　　聖アンブロワーズの加護を祈る
　　ああ酒神バッカスの　甘きマルメロのデザート
　　チーズよ　そなたは千金にも値しよう
　　ああ、君を思わば、重なる杯は永遠に限りなし
　　ひざまづけ　放埒なる子供たち
　　我犯したる罪を　打ち明けられる同胞よ
　　やれ、伴に叫ばん
　　ブリの地よ　誉め称われてあれ！
　　（中略）
　　ポン＝レヴェック、控えよ
　　オーヴェルニュの、ミラノのチーズよ下れ！
　　ブリ、ただ一つ神に認められし物
　　今、厳に輝かしき栄光を金文字で記される時
　　そなたもまた黄金に輝く……

この時代、ソフトで素晴らしい香りのするブリという名前で総称されるチーズは、いか
に美味なものであったことでしょう。1814年、ウィーン会議での趣向の一つとしてタレー
ランが提唱したとされる「チーズの品評会」では、早駆け馬車で届いたヴィルロワ村の
ブリが1位になったという話が伝えられています。

　ブリ・ド・モーは18世紀の終わり頃に作られて、ナポレオン1世が世を去った後に
有名になったチーズともいわれています。彼が美食家でなかったことはよく知られていま
すが、遠征の途中で敵に包囲された際、突然に襲った胃痛をいくらかのブリで鎮めて闘っ
たと伝えられているようです。

　ブリ・ド・モーは製造と熟成を古くから別々に行なってきました。それは、このブリが
直径37cmと大きく、生産農家にはそれを熟成させる充分な広さがなかったからです。
この大きなブリがパリの食通に好まれ一般に親しまれて世界的なチーズにまでなったの
は、その味はもちろんですが、パリまでマルヌ川による運搬ができ、水陸の輸送が可能だっ
たため、それが消費拡大につながったことも理由の一つでしょう。

　1857年のパリでは市場がレ・アールに新設されて、フランス中の最高の食品が集め
られることから、「美食の都」の名を冠していました。小説家で自然主義文学の定義者
として名高いエミール・ゾラ（Emile Zola）は、1872年に出版した『パリの胃袋（Le
Ventre de Paris）』の中で、市場のチーズ売り場を「それは素晴らしい芳香をホール
に放っている。3つのブリは冷たい月のような丸い盆の上に置かれている。2つのブリは
よく乾いて（熟成され）しっかり中身が引き締まったものだ。残る1つは4分の1にカッ
トされた切り口から、湖に白いクリームが流れ出るがごとくにとろけて中身が失われそう
なのを押し返し、ブリとしての面目が保たれるのを助けている」と描写して、この頃ヨーロッ
パに名を轟かせたレ・アールのチーズの代表としてブリを評しています（P.Androuët）。

　1879年10月25日にモー市は新しく市場を開設しました。それは、最初はチーズの
ためだけに新設されるという画期的な構想から始まり、モー市と土地の農業組合は、土
地の生産者を守るために事前の申請などが一切行なわれないよう極秘裏に計画を進め
て建てました。しかしこの年、モー市が穀物の例年にない豊作を迎えると、チーズの生
産や販売などの討議は二の次となり、満作の穀物の販売の多忙のなかで市場はオープ
ンされ、そして、それが現在のモー市の生鮮品の市場となって続いています。

　19世紀の終わりに、詩人で小説家だったポール・ブリュ（Paul Bru）はブリをこの
ように歌っています（P.Androuët）。

　牧場で草を食む牛たちがいる
　見よ、良きミルクの源を
　ブリの佳き牛乳で作られ
　より名声を博するチーズたちよ：
　クロミエと呼ばれるもの、モー、ムラン、美味しものたちよ！

友よ来れ、用意は整った、
ブリが振舞われるこのテーブルへ：
パン、チーズ、そしてそれらの果物で共に夜食を

　パリから東へ50km、車窓を過ぎる教会ごとに村があり、広がる田園地帯ではかつて村ごとにそれぞれのチーズを作っていました。100年ほど前までは40種類近くの農家製のブリがあったといわれます。現在もブリ・ド・モーはイル＝ド＝フランスの、のどかな酪農地帯で作り続けられています。

　搾乳後のミルクを37℃に温め、凝乳酵素を入れます。型入れは手作業で、ペール・ア・ブリと呼ばれる平たい大きな水きりのような道具を用い、凝乳の上に乳清が浮いてこないうちに直径36〜37cmの型に入れます。この作業は15分以内に行なうことが定められ、ペール・ア・ブリの大きさも28〜32cmの規定があります。型入れ後は30℃を超えない温度で水きりします。型から出したチーズの加塩は、必ず乾燥した塩を使用し、ペニシリウム・カンディダンを吹き付けます。1週間に2〜3回ひっくり返しながら熟成させ、凝乳酵素を入れた日から4週間以上は土地のカーヴで熟成させることが決められています。また、熟成後にチーズの高さが25％以上低くならないように定められています。6週間くらいの熟成のものはパートに弾力があり、8週間を過ぎたものは次第にやわらかく流れるようになりますが、どの熟成もその旨みとコクには定評があります。

＊マルク・アントワンヌ・ジラール・ド・サン＝タマン
(Marc Antoine Girard de Saint-Amant)：1594
〜1661。粗野で幻想的な詩人といわれた。食道楽
で、メロンとブリチーズを愛し、その極上の風味と感
覚を機知に富んだ言葉で詩「ゴアンフル」に残してい
る。アカデミー・フランセーズ会員。

Brie de Melun A.O.P.
ブリ・ド・ムラン

【牛／生】PM　イル＝ド＝フランス圏セーヌ＝エ＝マルヌ県（77）全域、グラン・テスト圏オーブ県（10）、ブルゴーニュ＝フランシュ＝コンテ圏ヨンヌ県（89）両県の一部　直径27〜28cm　高さ3〜4cm　1.5〜1.8kg　MG45%〜　F・I

　ブリ・ド・ムランの故郷であるムランは、セーヌ川の中ノ島と2つの堤からなる村です。1000年以上もの昔からチーズが作られてきたイル＝ド＝フランスの重要な穀倉地帯です。1980年にA.O.C.を認められたブリ・ド・ムランには、かつてはフレッシュとブルーと呼ばれる木炭粉をまぶしたものがありました。そのことから考えても、ブリ・ド・ムランはブリ・ド・モー（P.38参照）よりも古くから作られていたのではないかと推測できますが、ブルーのブリ＊は今ではまったく見られなくなりました。

　ブリ・ド・ムランは、現在は2軒のフェルミエと3軒のレティエで作られています。まず、ホルスタイン牛のミルクに凝乳酵素を入れた後、18時間はそのまま発酵させます。そのミルクを醸す時間の長さがブリ・ド・ムラン独特のコクになるといわれています。それからルーシュで型入れしますが、多く水分をすくうため、脱水には時間がかかります。ゆっくりと回転させながら水分をきった後、型から出したやわらかいパートに塩をします。そして、12℃の部屋で35日間プレ・アフィナージュさせてから、4〜14℃で湿度の高い（80〜98%）カーヴで、少なくとも5週間熟成させることが定められています。

　なれた塩とチーズのコクが後を引きます。熟成の進んだ赤いブリ（縁や表面が濃いオレンジ色に変わった状態）の持つ、フロマージュ・フォール（P.99参照）に近い、なまり節や時にはザーサイやイカの燻製にも似たクセのある風味のものもあります。

＊ブルーのブリ：木炭粉まぶしのものは、作られた土地の名でヴィル＝サン＝ジャック（Ville-Saint-Jacques）とも呼ばれた（R.Barthélemy）。

《ブリ・ド・ムランができるまで》

フェルミエ製のブリ・ド・ムラン（A.O.P.）の生産農家。
一つひとつすべて手作業で行なわれる。

①搾乳した牛乳を、パイプで直接タンクに入れる。

②太いホースで牛乳をタンクからバケツに入れる。

③凝乳酵素が入った牛乳。凝乳酵素を入れてから18時間発酵させる。この時間がブリ・ド・ムラン独特の濃い旨みを作る。

④上澄みをすくってカードだけを残し、上からかき混ぜていく。

⑤カードを細かく砕く。

⑥ムラージュ（型入れ）。乳清を多く含んだカードを、ゆっくり時間をかけて脱水する。

⑦12時間後に型をはずす。枠をゆるめる。

⑧ステンレスの板をのせ、下の簀子を敷いたステンレスの板を手でしっかりとつかむ。

⑨ひっくり返す。

⑩上のステンレスの板をはずし、簀子をはがす。この後塩をして、ペニシリウム・カンディダンを吹き付けて、熟成庫に入れる。

Brie de Montereau
ブリ・ド・モントロー

【牛／生】PM　イル＝ド＝フランス圏セーヌ＝エ＝マルヌ県（77）
直径 16 〜 18cm　高さ 2.5 〜 3cm　約 400g　MG40 〜 45%　L・A

　ブリ・ド・モントローは、かつてガティネ地方にあった町、ヴィル＝サン＝ジャック（Ville-Saint-Jacques）の名前で呼ばれ、セーヌ川左岸のレティエで作られていました。その後、サン＝ジュリアン＝デュ＝ソで工場生産されるようになりましたが、伝統的な製法と味を守ろうとするブリ協会の長、P. ボーバン（P. Bobin）の提唱で、2003 年より工房をクロミエから程近いサン＝シメオンの工房に移して作り続けています。

　生乳から動物のレンネットで凝乳を作り、ルーシュで型入れしています。モントローのカーヴは、村で一番古い建物を利用しています。近年はアーティザナルのブームからブリ・ド・ムラン（P.42 参照）と同様に通人の人気を得て、21 世紀に入ってから生産量も倍増しました。ねっとりとしていて深い旨みのあるブリ・ド・モントローは、かつてウィーン会議中の晩餐会で催されたチーズのコンクールで「デザートの第 1 位！」とタレーランを感嘆させたブリの味を彷彿とさせます。

Brie de Nangis
ブリ・ド・ナンジ

【牛/生】PM　イル゠ド゠フランス圏セーヌ゠エ゠マルヌ県（77）
直径20～23cm　高さ3～4cm　1～1.2kg　MG45%　A

「ミルクはいかが、ミルクはいかが！　シャンパーニュの美味しいチーズもあるよ！　こっちはブリのチーズだ！　グリュオー（上質小麦）とフロマン（小麦粉）しっかり細く挽いてあるよ！　挽きたての粉、粉！　パンの水、欲しい人は持って行きな！」

ブリュノー・ロリウー（B. Laurioux）の『中世ヨーロッパ　食の生活史』の市場の呼び声では、13世紀にブリのチーズはすでにブランド品だったことがわかります。

ナンジ村のブリは、第二次世界大戦の後、作られなくなってしまいましたが、小さなフロマジュリーが古いレシピを探して作り続けていました。3世代に渡ってチーズを作るこの農家はレティエとなり、ブリ地方の中心のトゥルナン゠アン゠ブリに工房を移し、フロマジュリー・ルゥゼール（Fromagerie Rouzaire）の名前で伝統的でアーティザナルなブリ・ド・ナンジを作り続けています。

Brie Noir／Brie de Nanteuil
ブリ・ノワール／ブリ・ド・ナントゥイユ

【牛/生】PM　イル゠ド゠フランス圏セーヌ゠エ゠マルヌ県（77）
直径20cm　高さ2cm　1～1.2kg　MG45%　F

ナントゥイユ゠レ゠モーの小さな町の市場に出る、その名の通り黒い（Noir）ブリです。しっかりと水分をきって熟成させているので、1年くらいは大丈夫という瓦のようなブリ。「どうしても、という人がいるので作り続ける」のだそうです。昔の人はコーヒーに入れてやわらかくして食したりしたようです。写真のものは、熟成8ヵ月近いもの。なまり節のような濃い旨みのブリは、口中でねっとり溶けて、くどすぎない旨みが広がります。モー市場やクロミエ市場のブリ・ノワールも、なかなか手ごわい風味です。また、ブリ・ア・ラ・ロック（Brie à la Loque）は、モランの谷で作られるもので、しっかり水分をきった後、シードルで表面を拭いて熟成させます。パートまで褐色になった頃に食べました。こちらのピリッとする強い味も、冷蔵庫がなかった時代の保存方法から生まれました。

045

Brillat-Savarin I.G.P.
ブリア＝サヴァラン

【牛／殺菌（P）】PM　ノルマンディー圏
直径12〜13cm　高さ3.5〜4cm　450〜500g　MG75%　L

　フォルジュ＝レゾーの農家が1930年代に作ったトリプルクリームのチーズは、美食と偉大なガストロノームをイメージしてチーズ商のアンリ・アンドルウエ（Henri Androuët）によりブリア＝サヴァラン（P.25註参照）と名付けられました。評判のよいチーズでしたが、この農家が作らなくなったため、ル・プティ（Le Petit）社が製造を続けてこのチーズの名を広め、後にベニエ（Besnier）社に吸収されて登録商標になりました。ブリア＝サヴァランには写真の白カビの他にフレッシュなものもあります。

　ノルマンディーでは他にもアンリ・アンドルウエが命名したファン＝ド＝シエクル（Fin-de-siècle　直径8cm　高さ5cm　270g　MG73〜75%）や、ムッシュ・フロマージュ（Monsieur Fromage　直径7cm　高さ5cm　250g　MG60%）も作られてきました。大工場製で輸出用に成功したものに、カプリス・デ・デュー（Caprice des Dieux）や馬蹄形のバラカ（Baraka）などがあります。

カプリス・デ・デュー

Brin d'Amour® ／ Fleur du Maquis
ブラン・ダムール／
フルール・デュ・マキ

【羊／生】PM　コルス圏オート＝コルス県（2B）、コルス＝デュ＝シュド県（2A）
大：直径10〜12cm　高さ5〜6cm　600〜700g、
小：直径6cm　高さ3cm　350g
MG45%　L（ブラン・ダムール）、F・A（フルール・デュ・マキ）

ブラン・ダムール

　ブラン・ダムールは、フランス本土のチーズメーカーがコルスに開業した時に、パリの消費者の嗜好を参考にして作られたもので、その名前もパリジャン好みで印象的なものが選ばれました。フルール・デュ・マキにはフェルミエ製、アーティザナル製があり、フェルミエのクロディーヌ・ヴィジエ（Claudine Vigier）は、オレガノ、サリエット、ローズマリー、ネズの実、粒胡椒などのハーブや香辛料を混ぜ、カードにまぶしてから土地のカーヴで熟成する方法で、コルスらしい風味と羊乳の旨みを出しています。

　熟成は1〜2ヵ月が食べ頃とされてきましたが、最近はパートもやわらかく、羊の甘みも残る若い熟成のものが見られます。

フルール・デュ・マキ

Brique du Forez / Cabrion du Forez
ブリック・デュ・フォレ／カブリオン・デュ・フォレ

【山羊・牛／生】PM　オーヴェルニュ＝ローヌ＝アルプ圏ピュイ＝ド＝ドーム県（63）
12〜15×5〜6cm　高さ3.5cm　350〜400g　MG45〜50%　L・F

　古くから、長方形で日干し煉瓦ほどの大きさのチーズをブリック（煉瓦）と呼びますが、もともとブリック・デュ・フォレは、リワラドワ＝フォレ自然公園となっている森に近い農家で作るカブリオンとも呼ばれるシェーヴルでした。しかし時代が下ると次第に牛乳を混ぜたものも作られるようになっていったようです。また、アンベールのシュヴルトン（Chevreton）も古くは混乳でブリック・デュ・フォレと呼ばれていたようです。山羊乳製は春から秋、その他のものは1年中手に入ります。他に、ブリック＝ミバッシュ（Brique-Mivach）という半分牛乳、半分山羊乳のものもあります。

　ブリックを名乗る長方形の山羊チーズは他にも、ブリック・リュモワーズ（Brique Rieumoise　18×6cm　高さ2.5cm　250g）が高地ガロンヌ地方で作られています。ペラルドン（P.131参照）の生産地であるセヴァンヌ地方でも山羊乳のブリック・アルデショワーズ（Brique Ardéchoise　12×5cm　高さ3cm　150g　F）が作られています。また、タルンで作られるブリケトン（Briqueton）は、牛と山羊の混乳チーズです。かつての人々はチーズをできるだけ日持ちさせて、煉瓦色になった頃のものも食していたので、煉瓦色で長方形のチーズを、生活に必要な身近なものにたとえてブリックという名で呼んだのでしょう。

Brise-Goût / Brisego
ブリス＝グー／ブリスゴ

【牛／生】F　オーヴェルニュ＝ローヌ＝アルプ圏サヴォワ県（73）
直径20〜22cm　高さ18〜20cm　3〜5kg　MG15〜25%　A

　ブリス＝グーは乳清を表す言葉で、乳清で作ったチーズのことも総称しています。古くは、ブリス＝カイエ（brise-caillé）と呼ばれる木の枝などで作った道具を、カードを細かくするために使っていましたので、カードを砕いた後のチーズを乳清の味（Brise-Goût）と呼んだのでしょう。

　タランテーズの谷で作られるブリス＝グーは、MG15〜25%の牛乳製。アルプスの放牧場でグリュイエール（P.103参照）を作った後の乳清を利用して作るリコッタのようなチーズで、山で暮らす人々の日々の糧として作られていました。ちなみに、ブリス＝グーは、サヴォワでブリサゴ（Brisago）と呼ばれる乳清チーズと同様のものです。

　18世紀頃に、サヴォワ地方には、セラック（Sérac）という牛または山羊の乳清および2種類を混ぜて作る乳清チーズがありました。これはコルスのブロッチュ・コルス（P.49参照）と同じ製法のものです。

Brocciu Corse ／ Brocciu A.O.P.
ブロッチュ・コルス／ブロッチュ

【羊・山羊・羊＋山羊／生】F　コルス圏コルス＝デュ＝シュド県（2A）、オート＝コルス県（2B）　MG20〜50%（A.O.P. のものは40%以上）

250g、500g、1kg、3kg の型が認められている。
一般に出ているフレッシュタイプはおもにプラスティックの容器入り。
写真は、直径11cm　高さ9cm　500g　MG50%　F・L・I
＊ミルクは①羊、山羊または2種の乳清のミックス。②①のそれぞれの乳清をベースに羊、山羊または2種の全乳のミックス。写真のブロッチュは羊の乳清と羊乳のミックス。

　ブロッチュの名は、ブロッチュを作るときに凝乳をブルッセール（brousser、細かく突き砕きかき混ぜる動作を表す動詞）するため、これが転じてチーズの名前になったものと考えられています。また、乳清を煮て作った凝乳のチーズをコルスの方言でブロウス（Brousse）ということから、ブロッチュになったという説もあります。
　ブロッチュは、羊または山羊乳あるいは両方の乳清をミックスしたチーズとして1983年にA.O.C. を認められました。フレ（フレッシュ）とパッスゥ（熟成タイプ）の2種類のものがあり、フレッシュなブロッチュにはフレ"frais"とラベルに示し、2日以内に型から出し、短くとも21日間は熟成させたブロッチュ・パッスゥには"passu"と明記しています。
　ブロッチュは、現在400軒近い小農家をはじめレティエや工場で生産されていますが、広く一般に知られたのは、20世紀に入って本土との人や物の流通が頻繁となり、観光客などがそのフレッシュなおいしさを語り伝えたことによります。コルスでは昔はフレッシュで食べられることは少なかったようです。ブロッチュは熟成が早いので、フレッシュのものは市場でも珍重されていました。もちろん農家はいつでも生で食べることができましたが、その多くは山で作られていましたので、保存のために熟成させてから市場に出していました。また、ブロッチュをなんとか冬までもたせるために、これを乾燥させてハーブの衣を付けたり、コルスのマール酒に漬け込んだりして保存してきました。これも土地ではブロッチュ・パッスゥと呼んでいます。過ぎてしまったブロッチュは、味も香りも強烈です。
　本来ブロッチュは、全乳のチーズを作った後の残ったミルクと乳清で日持ちのする自家用の保存食としても作られていたのだと思います。なぜなら、かつてコルス中央部の山中の厳しい暮らしに、乳清で作るチーズは農家の冬の主要な食糧だったはずですから。そしてそれは、I.N.A.O. の規定で3kgの大きさが認められていることでも明らかでしょう。しかし、今では3kgの型を持っている農家を探すのが難しくなりました。
　前日とその日の朝に搾乳したミルクの乳清に25%（多くても全体の35%まで）のミルクを加えて80〜90℃に加熱します。やがて鍋の表面にふわふわとした小さな固まりがいっぱい浮き上がってきます。この状態を"ブロッチュが表面に浮かんでいる（Brocciu monté à la surface）"といい、ここで火を止めます。そしてすぐに穴のあい

たレードルで型に入れ、水分をきります。現在この型はプラスティックでできた籠ですが、昔は藺草で編まれたものでした。パッスゥとなるものは 24 時間水きりした後、型から出し、加塩して熟成させます。カーヴで最低 21 日間は木の棚の上でひっくり返され、風味はより濃厚に。自然のカビで表面が覆われたブロッチュは、もう一つのコルスの顔となります。

羊の乳清で作るフレッシュはとくにまろやかで、食感も味も白和えのようで、素晴らしい甘みがあります。お菓子にも料理にも使われます。ブロッチュと卵の料理（オムレツなど）はとてもおいしいものです。フレッシュの A.O.P. ブロッチュには、エチケットに必ず賞味期限を表示しなければならない決まりがあります。

ブロッチュで作るケーキ「フィアドーヌ」（Fiadone）は、コルスの有名な焼き菓子です。他にも、ブロッチュに砂糖を加え、テリーヌ型に詰めて乳清を取り除いて形をつけたものに、ラム酒とライムのソースをかけた冷たいデザート「ヴェナケーズ」（Venacais）があります。

カーヴで熟成中のブロッチュ・パッスゥ。

《ショードロンで作るブロッチュ》

　パリから飛行機で1時間25分、エメラルドの海に浮かぶコルスの空からの眺めは、緑の灌木で覆われていました。銅鍋（ショードロン）で作るブロッチュをパリのシェフが取り寄せていると聞き、海岸沿いの小さな町を訪ねました。

　ジャン・フランソワ・ブルネリ（Jean Francois Brunelli）の視線の先には初夏の海が広がっているので、潮風が丘の上の搾乳小屋まで上ってきます。ポルティッチオで代々ブロッチュを作り続けるブルネリファミリーは、ナチュラルな製法を貫いています。「自然であることが大切でしょ。伝統的なものが効率を追求した現代的な製法になり、原料も変わってしまうと、その持ち味も変わってしまう」と、殺菌された羊乳の乳清でつくるブロッチュと生乳で作るブロッチュの違いを強調します。そして「たとえば工場製ブロッチュの場合はコルス種よりもサルド種（イタリア原産種）のミルクの使用が多い。サルド種はミルクをたくさん出すけれど、コルス種と比べるとやや味が淡白だから」と土地の羊にもこだわっています。また、牧草など飼料の違いはもちろんですが、放牧環境、水、製造道具（銅鍋）、レシピで味やテクスチャーがまったく変わってしまうということが、フレッシュチーズだからこそよりはっきりと現れてくるのだといいます。

　朝5時に120頭のコルス種羊から搾乳。その日のミルクと前日の全乳でチーズを作り、その後そこでできた乳清に朝取りのミルクを加えてブロッチュを作ります。8時から1時間半ほどでブロッチュ作りを終えると、放牧と飼料などの用意。午後は愛犬に羊の番を頼み、夕方に搾乳小屋のある丘に羊を移して17時半から搾乳。夜は9時には休むというブルネリ一家の暮しぶりもまさにナチュラルで健康的。その日焼けした横顔にこの仕事は好きですかと問えば「どんな仕事もある程度好きでなければできないよね」とタバコをプカプカ。これもコルス流。

　フレッシュのその比べようもない美味しさを体験すれば、故郷の味を恋しがる母に食べさせたいとパリに羊を運ばせたというナポレオンの気持ちも理解できます。そのままでも美味ですが、砂糖とオレンジの花水をかけたり、ピストー（にんにく、バジルをつぶしてオリーブ油と混ぜたもの）や塩、胡椒で調味して食べたりもします。

　土地のレストランやフロマジュリーはもちろん、パリ、トゥールーズ、プロヴァンスやブルゴーニュなどへも出荷されています。

一つの鍋で20ℓ、この日ママンは全部で120ℓを火にかけた。

穴のあいたレードルで凝乳をすくい、一つひとつ型入れする。

搾乳小屋のある丘の放牧場と道を挟んで海側台地の牧場がある。

搾乳するオーナーで生産者のジャン・フランソワ・ブルネリ。

Brossauthym
ブロッソータン

【羊／生】PM　サントル＝ヴァル・ド・ロワール圏アンドル＝エ＝ロワール県(37)
15×5cm　高さ3cm　180g　MG45%～　F

　トゥーレーヌ地方のロワール川周辺には浸水しやすい土地が多く、またそこは肥沃な牧草地でもありましたので放牧が盛んに行なわれていました。ブロッソータンは、ルージュ・ド・ルエスト種の羊乳にタイムを入れて、ほんのりと口中に香るようにしています。このチーズを作る農家は、もとは羊肉農家だったのですが、1986年に飼育経験を生かしてチーズのフェルミエに転向しました。55haの牧場に330頭の羊を飼育するこのフェルミエでは、他にも木炭粉をまぶしたブルビ・ド・ロショワ（Brebis du Lochois、直径6.5cm　高さ3cm　130g　MG45%）などを生産し、パリへ出荷して人気を得ました。

Brousse ／ Brousser
ブルス／ブロウス

【羊／生】F　オクシタニー圏、コルス圏
250g、500g　MG45%　F・L

　ラングドック地方、ルエルグ地方、コルスの南では、乳清でブルス（ブロウス）というチーズが作られています。ブロッチュ(P.49参照)のように加熱して成形したものと、カードをすくい上げて容器に入れたものがあります。

Brousse du Rove A.O.P.
ブルス・デュ・ローヴ

【山羊／生】F　プロヴァンス＝アルプ＝コート・ダジュール圏
ブーシュ＝デュ＝ローヌ県（13）、ヴァール県（83）、ヴォークリューズ県（84）
直径（上）3.5cm （下）2.4cm、高さ8.5cmの筒状　180g　MG45%～　A・F

　歴史的な景観と農業形態とともに原産地呼称保護を認められたブルス・デュ・ローヴは、ローヴ種の山羊の生乳から作られます。ローヴ種の山羊は、灌木の生い茂ったガリッグの石灰岩の台地で日に5時間は放牧される規定です。山羊乳は、冷凍したり粉乳にしたりするなど、あらゆる加工を禁じられています。全乳を高温に熱したら、土地の白ワインを醸造した酢を入れて凝固を促進させます。凝乳は型入れした後、型から出すことなく、当日市場に届けられ、そのまま売られます。型から出した場合は、製造日から8日以内に消費することが定められています。

Bûche ／ Bûchette
ビュッシュ／ビュシェット

【山羊／生】C　フランス各地
直径2～3cm　長さ14cm　150g　MG45%　F

　細長い円筒形のチーズは、古くから薪（ビュッシュ）と呼ばれてきました。ビュシェットは小さな木切れを意味します。古くはサント＝モール・ド・トゥーレーヌ（P.154参照）もビュッシュまたはビュシェット・ド・サント・モールと呼ばれていたといわれています。

　各地に、薪（ビュッシュ、ビュシェット）に地名を付けた名前のシェーヴルがあります。ビュッシュ・ド・ポワトー（Bûche de Poitou）は植物の葉で包んだものや、熟成をマイルドにする木炭粉まぶしのものです。ポワトーには他にもビュッシュ・ド・シェーヴル（Bûche de Chèvre、直径8cm 長さ18cm　900g　MG45% L）やビュシュロン（Bûcheron、直径8cm 長さ30～35cm　900g～1.5kg　MG45% L・I）と呼ばれるレティエ製で殺菌乳の大きな薪が作られています。

　また、アンジュー地方にはビュシェット・ダンジュー（P.54参照）、プロヴァンスにはビュシェット・ド・プロヴァンス（Bûchette de Provence、直径3cm　長さ14cm　120g　MG45%　A）が見られます。ビュシェット・ド・ロマラン（Bûchette de Romarin）もプロヴァンス（バノン）で作られるフレッシュな薪で、ローズマリーが飾られています。

Bûchette d'Anjou
ビュシェット・ダンジュー

【山羊／生】C　ペイ・ド・ラ・ロワール圏メーヌ＝エ＝ロワール県 (49)
直径3～4cm　長さ9～10cm　85～100g　MG45%　A

　山羊乳で作られる円筒形のチーズは、ビュッシュ（Bûche、薪の意）と地名を重ねたものが多数あります。ビュシェット・ダンジューは、アンジューの木切れという名の小さなシェーヴルです。現在流通しているものには、第二次世界大戦後から作られはじめた木炭粉まぶしのものや白カビのものなどが見られますが、オリジンはかなり古いものなのではないでしょうか。薪や小枝は人々の暮しを支えるものでしたので、その形をかたどって保存や運搬のために葉で包んで命の糧にしたのでしょう。ベネディクトの教義では、暖炉にくべる薪が信仰と深く関係していましたので、その大きな薪はケーキにかたどられて、今もノエルに作られています。

Butte de Doue／La Butte
ビュット・ド・ドゥー／ラ・ビュット

【牛／殺菌】PM　イル＝ド＝フランス圏セーヌ＝エ＝マルヌ県 (77)
12×7.5cm　高さ6.5cm　350g　MG70%　C

　名前のビュット・ド・ドゥーは、「ドゥーの丘」の意です。石灰岩の台地が少しずつ自然に隆起してできたなだらかな丘は、パリ盆地の東、パリとランスの中間点にあり、この地域は古くはブリ・シャンプノワーズと呼ばれていました。
　ビュット・ド・ドゥーは、クロミエから車で15分、ドゥー村の小高い丘の上のフェルミエが作りはじめました。口当たりのなめらかさが評判のチーズで、この他にもこの農家ではブリやクロミエ（P.81参照）も作っていましたが、後継者がいなかったため、1990年にチーズの製法と名前をクロミエでブリを作るレティエに売り、現在は協同組合で生産されています。

Cabécou ／ Cabécou Feuille
カベクー／カベクー・フィユ
【山羊／生】C　オクシタニー圏　5〜7cm角　MG45%　F

ケルシー、カオールやロカマドールの西南のグールドン、ロデズの北にあるアントレークや、ケルシーにあるコース国立自然公園の中に位置するグラマ、リヴェルノン、リモーニュなどでは、古くから山羊の小さなチーズでカベクーと呼ばれるものが作られてきました。またリヨネとオーヴェルニュのリヴラドワなどでも同様のチーズで、カブリオン（Cabrion）と呼ばれるものがありました。写真のものは栗の葉に包まれた四角いカベクーで、山羊乳の甘みとコクとともに、胡椒の香りが爽やかに口中に残ります。

Cabra Corsa
カブラ・コルサ
【山羊／生】C　コルス圏　12cm角　高さ5.5〜6cm　680〜700g
MG45%〜　A

　手つかずの自然が残る島コルスは、地中海で4番目に大きな島です。木の葉の形の島の南端、ボニファシオからサルディーニャ島へは80kmほどの距離なので、この島には多くのイタリア語の話者が暮らしています。また、古くからこの島では栗の粉でパンや菓子が作られていました。今でも山小屋には使われなくなった石臼が残っています。

　大自然にコルス種の山羊を放牧飼育しています。風味豊かなチーズは、手作業で型入れした後少し圧搾し、型から出して塩水で軽く洗った後に栗の葉を巻いて熟成させるので、独特のコルスの山羊の味わいが深みとコクを持って、長く口の中に残ります。

Cabris Ariégeois
カブリ・アリエジョワ

【山羊／生】L　オクシタニー圏アリエージュ県（09）
直径11cm　高さ4〜5cm　500g　MG45%〜　F

ルービエール村のフェルミエ、ラ・フェルム・デュ・コル・デル・ファシュ（La Ferme du Col del Fach）がレシピを発案したチーズです。アリエージュの山羊乳で作る、輪っぱ型のケースに入ったとろける熟成を楽しむチーズで、若いものは弾力のあるホワイトソースのようです。ヘーゼルナッツのような椎の実にも似た風味で、爽やかな甘みがあります。

山羊のミルクに凝乳酵素を入れ、1時間後に凝乳をカット。型入れして約24時間後に塩をし、エピセアの枠に入れます。2〜3週間カーヴで表面を塩水で洗いながら熟成させた後、出荷時にエピセアの箱に入れて、箱の中で熟成させながら店先に運びます。パックからトゥーサンまで*、モン＝ドール（P.116参照）のように中身が流れる熟成です。

ここでは他にも180頭の山羊から、カブリオーレ（Cabrioulet）、プティ・フィアンセ・デ・ピレネー（Petit Fiancé des Pyrénées）などのチーズを作っています。

①カーヴ。

②エピセアの枠に入れて熟成中。

③塩水とロクーで洗う。

＊パックからトゥーサンまで：山羊チーズの旬は伝統的に「パックからトゥーサンまで」といわれてきた。パック（Pâques）とは、キリスト復活の祝日。復活祭、イースター。春分後最初の満月の次の日曜日。フランスでは家族でごちそうを食べてこれを祝う。トゥーサン（Toussaint）とは、キリスト教（カトリック）の祝日で、諸聖人の日。万聖節（プロテスタント）。毎年11月1日。11月から3月いっぱいは山羊が出産のためにミルクが得られず、生産を休んでいたため、このようにいわれてきた。

Cacheille／Cacheia
カッシュイユ／カッシェイア
【山羊・羊・山羊＋羊／生】F　プロヴァンス＝アルプ＝コート・ダジュール圏アルプ＝ド＝オート＝プロヴァンス県（04）ブーシュ＝デュ＝ローヌ県（13）MG不定　F

　カッシュイユ、カッシェイア はマルセイユの方言で、山羊乳、羊乳、または2種混乳のチーズをトゥペン（P.19註参照）と呼ばれる壺に入れ、オー・ド・ヴィー、プロヴァンスのハーブと一緒に漬け込んだものです。プロヴァンスのレシピには、カードとクリームを鍋に入れて火にかけ、おろす際に粒胡椒とオー・ド・ヴィーを少し入れ、冷めたらカーヴにおいて一冬食べる保存食にするとあります。それは春になるとルバイエの谷の野生の香りが漂う風味となるというので、ジビエのような独特の獣臭のある強いチーズになるのでしょう。壺で寝かせて時の経ったものはより強烈なものになると説明しています。プロヴァンス生まれの作家ジャン・ジオノ（Jean Giono）は、『ボーミューニュの男（Un de Baumugnes）』の中で「昼にいつものように何か強いもの、野生の玉ねぎや鰯の油漬けまたはこのフロマージュ・アン・ポーを、『はい、どーぞ。マルシェの残りもの（の匂い）だが…』」と言って出したと書いています（P.Androuët）。

Caillé de Canut／Cervelle de Canut
カイエ・ド・カヌゥ／セルヴェル・ド・カヌゥ
【牛／生】F　オーヴェルニュ＝ローヌ＝アルプ圏ローヌ県（69）
MG20〜45％　フロマジュリーメゾン

　フロマージュ・ブラン（P.75参照）や凝乳にエシャロットやシブレットなどの香草を入れ、塩、胡椒して練ったもので、リヨネ地方の家庭で作られてきたおかずのようなチーズです。魚料理のソースなどにも用いられましたが、元来はパンに、薄く切ったテリーヌ形のチーズを塗って食べていました。

　カイエ・ド・カヌゥとセルヴェル・ド・カヌゥは同じもので、リヨンの名物とされています。名前のカヌゥとは、リヨンのフォールヴィエールにある絹織物工場で働く人たちのことで、かつては教会の管轄下にありました。現在カヌゥはいなくなりましたが、マコンでは昔と同じように、よく水分をきったフロマージュ・ブランと香草を混ぜて、テリーヌのように作っています。このレシピはフォールヴィエールの修道院でクラケレット（Claqueret）と呼ばれ、それは土地の方言で型入れした練りものを打ち出すという意味があります。

　ロレーヌ地方では、フロマージュ・ブランにエシャロットやシブレット、玉ねぎを刻んで塩、胡椒をしたものをフロマージュ・ブラン・ア・ラ・メシン（Fromage Blanc à la Messine）と呼び、同じようにパンに塗って食べました。

Caillé Maison
カイエ・メゾン
【牛／生】F　フランス各地　MG〜45%　フロマジュリーメゾン

　フロマジュリーの加工チーズで、赤ピーマンとシブレットが入った軽いガーリック風味の凝乳チーズです。他にも胡瓜とハーブが入ったものや、乾燥トマトとハーブの入ったものなども見られます。
　この他にも凝乳チーズにはブルターニュのカイユ・レンネイズ（Cailles Rennaises）などがあり、これは全乳で作られる自家用チーズで、時にはクリームを混ぜて作られることもあり、グロ・レ（Gros Lait）とも呼ばれていました。ラングドック地方のルエルグやケルシーには、カイヤード（Caillade）という型入れしないフェルミエの自家用の凝乳チーズがありました。

《カジアトゥ（Caghiatu）》

　コルスに伝わる古い子守唄に出てくる「カジアトゥ」は凝乳のことです。引用した唄は、コルスでは椀に入っていたと思われる凝乳を、花嫁に渡す独特の儀式があったことを伝えています。カジアトゥを渡すことは、花嫁が新しい家に馴染むように、新しい種が授かるように、そして形作るものを手渡すということを意味していたのでしょう。また新しい竈の意味は、台所（火）を任せることが命を預けること、家の者になったという絶対的な信用を感じさせることだったと思います。今日ではコルスの人々は、スーパーやチーズ店で凝乳を買う暮しをしています。ペリゴールやラングドックにもカジャソゥ（Cajassous）と呼ばれる凝乳チーズがあり、イタリアのロンバルディアではカジアーダ（Caggiada）と呼ばれるものが作られていました。

> これから新しい竈が作られる羊小屋に 2 人が着くと
> 花婿の母が進み出て
> 手をとって花嫁を迎え入れ
> 母が椀に用意していたカジアトゥを
> 花嫁に渡すのです
>
> Quand' arrivate a lu stazzu
> Duva avete poi da stani
> Surterà la suceroni,
> E bi taccherà la mani ;
> E bi sarà presentatu
> Un tinedru di caghiatu

Calenzana
カレンザーナ

【羊・山羊／生】L　コルス圏オート＝コルス県（2B）
10×10cm　高さ4〜5cm　400g　MG不定　F

　島の中央を標高2500m以上の山岳が占めるコルスは、山で島が2分されています。島の南部にはケルト系の先住民に共通する巨石文化が遺され、人物の彫刻のある石柱が見られます。カレンザーナは、古くはニオリュの羊飼いが山で作っていたニオロ（P.127参照）を長く熟成させたものの呼称でした。ニオロが作られている地域で、伝統的な製法で作られてきました。粘土質のグレーのパートのものは、表皮がなく湿っています。洗って熟成させるチーズ独特の香りとともに、羊の旨みが口中に広がっていきます。土地の人はこのチーズを、ニオリュ（Niolu）、ニオラン（Niolin）、ニウリンク（Niulincu）と呼ぶこともあります。

Camembert au Cidre ／ Camembert Affiné au Calvados
カマンベール・オ・シードル／
カマンベール・アフィネ・オ・カルヴァドス

【牛／生】PM　主にカマンベール（P.60参照）が作られる地域で生産
直径10.5〜11.5cm　高さ3cm　250g　MG45%　L

　カマンベールの皮を取り、シードルにくぐらせた後、パンを細かく砕いて作られたパン粉（日本の一般的な市販のパン粉より細かい）の衣を付けたもの。シードルのほのかな香りもよく風味があるのでデザートに好まれます。他にもカマンベールやブリをブランデーやシードルにくぐらせ、クルミやレーズンを飾ったフロマジュリーのオリジナルも見られます。

059

Camembert de Normandie A.O.P.
カマンベール・ド・ノルマンディー

【牛／生】PM　ノルマンディー圏カルヴァドス県（14）、
マンシュ県（50）、オルヌ県（61）、ウール県（27）、セーヌ＝マリティーム県（76）
直径 10.5～11.5cm　高さ3cm　250g　MG45%～　F・L・I

　カマンベールの郷、ノルマンディーの気候は温暖で多湿です。特産のリンゴの樹々が枝先まで碧の苔で彩られていることからも、雨の多いこの地方独特の気候がわかります。テーブルの上の小さなフランスともいわれるカマンベールチーズは、世界中にさまざまなものがありますが、カマンベール・ド・ノルマンディーと名乗れるのは、フランス A.O.P. のカマンベールだけです。よい熟成のカマンベールは、中がクレーム・パティシエールのようになめらかでやさしい味わい。それはとろけるほどに熟成されていても、ピリピリとした苦みがないものです。カルヴァドス、ウール、オルヌ、マンシュ、セーヌ＝マリティームなど A.O.P. の定める地域で生産されたカマンベールは、木箱に入れることが義務付けられています。

　ノルマンド種の牛乳*を温め、37℃で凝乳酵素を入れます。凝乳は最低でも4回はルーシュですくって型に入れなければなりません。型から出したカマンベールの表面に塩（乾塩）をして、ペニシリウム・カンディダンを吹き付けた後、10～18℃の乾燥室に運びます。8～9℃のカーヴで製造日から21日熟成させますが、14～15日間は必ずその土地のカーヴで熟成させるのが決まりです。21世紀に輸出量の増加により、世界各国の衛生基準に対応するため、2007年より I.N.A.O. はカマンベール・ド・ノルマンディーの製造に殺菌乳の使用を検討しています。

＊ノルマンド種のミルクを50%以上用いて生産すること、牛は6ヵ月以上の放牧が定められている。

《マリー・アレルとカマンベールの歴史》

　カマンベールについては、マリー・アレル（Marie Harel）がナポレオン3世にこれを献上したところ、ナポレオン3世がカマンベールをたいそう気に入り、それがきっかけでカマンベールの名が広く知られるようになったという逸話が残っています。1791年、大革命の新憲法に宣誓を拒否しノルマンディーに忌避した僧に、マリーがブリのような白カビタイプのチーズの製造を相談したことがきっかけでカマンベールは誕生し、当初カマンベールはリヴァロ（P.112参照）の型を用いて作られたとも伝えられています。そして1787年に生まれた彼女の娘も同じくマリーと名付けられ、その製法も引き継がれていきました。

　1855年に、パリからリジュー、カンに鉄道が通り、それまで馬車で3日間の旅を余儀なくされていたカマンベールのパリへの輸送が、わずか6時間でレ・アールの市場に到着するようになりました。そして1890年に、ウジェーヌ・リデル（Eugène Ridel）という技師が丸い木箱を考案し、これまで藁の上にのせて運ばれていたチーズをダメージなく運べるようになったのを契機に、カマンベールは販売を飛躍的に拡大させていったのです。

土地の伝統牛、ノルマンド種。

ルーシュで型入れ（アーティザナル）。

マリー・アレルの像。

アレル家の子孫というレティエ（ノルマンディー）。

カーヴでオーナーのムロン（Meslon）が出荷前の熟成をチェックする。

Cancoillotte
カンコワイヨット

【牛／脱脂】フォンデュ　ブルゴーニュ＝フランシュ＝コンテ圏
容器入り　200～500g　MG5%　L・I

　古くからフランシュ＝コンテ地方の冬の山奥の暮しを助けてきたチーズで、フロマジェール（Fromagère）とも呼ばれていました。昔はグリュイエール（P.103参照）を作る時の乳清を再加熱してから凝乳を粉砕し、水分をきって数日間熟成させて保存できるようにしたメトン（Metton）から作りました。

　今では工場製のフレッシュなものが多く市販されています。ゆるい水飴ほどの粘性があり、そのままパンに付けておやつにしたり、肉料理に使われたりしています。容器入りで市販されるものには、ナチュラル風味の他に、ワインやバター味、にんにく入りなどがあります。

Cantal ／ Fourme de Cantal A.O.P.
カンタル／フルム・ド・カンタル

【牛／生・殺菌】PPNC　オーヴェルニュ＝ローヌ＝アルプ圏カンタル県（15）全域。オート＝ロワール県（43）、ピュイ＝ド＝ドーム県（63）、オクシタニー圏アヴェロン県（12）、ヌーヴェル＝アキテーヌ圏コレーズ県（19）各県の一部
直径36～42cm　高さ45cm　35～45kg　MG45%～　F・C・I

　古代ローマの博物学者、大プリニウスが「アヴェーヌ（Avesnes、オーヴェルニュ）、ガバレ（Gabales、オーヴェルニュの隣に位置。古代にガロワ人の都市があったことで知られる）とジェヴォーダン（Gévaudan、ロゼール県の一部）のチーズはローマのものと同等によい」と書いていますし、1560年にはルネッサンス期の科学者、ジャン・ラ・ブリュイエール＝シャンピエ（Jean La Bruyère-Champier）がカンタルの製造方法を初めて記録しています。

　かつては、木桶の中でジュレのようになったミルクに凝乳酵素を入れていました。凝乳をカットし、かき回してさらに細かくし、豆粒ほどの大きさになったものを長いテーブルのような水きり台の上で圧搾しました。現代は麻布を敷いた圧搾機にかけてカードを作ります。こうしてできた白い固まり（トム）をブロックにカットして数回圧搾します。その後さらに細かく砕き、塩をしてから型入れします。型入れ後は48時間麻布を取り替えながら圧搾します。このチーズ作りの工程は、カンタルとサレールに共通する独特の製法で、伝統

的なものです。A.O.P.で義務付けられた鑑札は型入れの時に付けられますが、この鑑札は生産地域をナンバーで表しており、製造元がローマ字のイニシャルによってわかるようになっています。

　カンタルは、凝乳酵素を入れた日から30～60日のものをカンタル・ジョンヌ (Cantal Jeune)、90～210日のものをアントル・ドゥー (Entre Deux)、240日以上のものをヴュー (Vieux) と呼びます[*1]。10～14℃、湿度90%のカーヴで、1週間に2回はひっくり返し、その表面を塩水で拭いて、最低でも30日は熟成させます。若いジョンヌはやや白っぽいざらっとした表皮で、中身は薄黄色でやさしい味。2つの間という意味のアントル・ドゥーは、岩のような表皮の下に山吹色のパート、6ヵ月以上になると表皮に赤みのあるボタンが現れ、味にぐっとコクが出てきます。ヴューといわれる古いものは、皮も目を追って厚くなり、その味わいも深くなっていきます。

　フルム・ド・カンタルの"Fourme（フルム）"は、型、形作る意の"forma（フォルマ）"というラテン語が語源といわれています[*2]。他に、プティ・カンタル (Petit Cantal) と呼ばれる直径15～20cmで8～10kgのものがあります。

長期熟成（ヴュー）

[*1] 凝乳酵素を入れてから61～89日を経たものをカンタル、211～239日を経たものをフルム・ド・カンタルと呼ぶ。
[*2] フルム（Fourme）は18世紀までオーヴェルニュの円筒形のチーズの総称であった（*A.Dalby*）。

Capri Lezéen
カプリ・ルゼアン

【山羊／生】C　ヌーヴェル＝アキテーヌ圏ドゥー＝セーヴル県 (79)
直径8～9cm　高さ1.5cm　120g　MG45%　F

　カプリはラテン語で山羊を表す言葉です。中身が流れ出るような熟成が好まれるチーズは、湿度の高いカーヴで熟成されます。乾燥熟成させて引き締まったパートを持つものは、次第にパールイエローの表皮がカビで覆われていき、ナッティな風味を持つものとなります。ル・カプリ・ルゼアン (Le Capri Lezéen) の工房は、GAEC (P.27 註参照) のメンバーとなり、生産を拡大しています。

063

Carcan du Tarn
キャルカン・デュ・タルン

【山羊／生】C　オクシタニー圏タルン県（81）
直径10～12cm　高さ3cm　300～350g　MG45%　F

　キャルカンは、美食の地に生まれました。その名は、山羊が逃げないように首に付けた木の首かせのことで、シェーヴルを木枠に入れて作ったので洒脱な名前が付けられました。県を東西に横切るタルン渓谷とそこここに点在する小さな泉や湖のほとり、群生する木々の下に放牧された山羊のミルクから生まれたチーズは、オック語の故郷、ラングドックの土地の香りが長く口中に残ります。

Carré de l'Est
カレ・ド・レスト

【牛／殺菌】L　グラン・テスト圏　11cm角　高さ3cm　300g　MG45%　L・I

　東方の四角いチーズ、カレ・ド・レストは、フランスの東（Est）、シャンパーニュ、ロレーヌ、アルザス地方で作られてきました。このチーズはブリ地方の東で、牛乳が余った時に、これを四角の形に作りはじめたことが始まりといわれます。なぜなら、ブリチーズは大きくて扱いにいろいろ注意が必要でした。そこで、チーズを型から出す時も簡単で、熟成の棚にも並べやすく、運搬も楽な四角い形にすることを考えたのです。かつては白カビタイプのものもアルティザナルで作られていましたが、今ではほとんどが洗うタイプのチーズになりました。明るいオレンジ色でベタベタした表皮をしています。熟成が進むと赤茶色になって風味の濃いコクのあるチーズになります。

Cathare
カタル

【山羊／生】C　オクシタニー圏オート＝ガロンヌ県（31）。
直径15cm　高さ1.5cm　200g　MG45〜50%　F

若いものは木炭粉にくっきりと白くオクシタン十字が浮かび上がり、中世のチーズを食べているような不思議な気分を味わわせてくれます。カタルは11〜12世紀に南ヨーロッパで広まり、ローマカトリックから異端とされたアルビジョワ（カタリ）派信徒のことを指しますが、南フランスで古ロマンス語のオック語を話す人たちのことも表すといわれます。南フランス一帯に勢力を広げたアルビジョワ派は、フランス国王が中心となって組織したアルビジョワ十字軍によって殲滅されました。この時、イスラムからの影響を受けて花開いていたトルバドール*と呼ばれるオック語の抒情詩人に代表される宮廷文化も同時に消えていったと伝えられていますが、今でもその文化は音楽やダンス、カスレやフォワグラなどの郷土料理に残っています。木炭粉まぶしのカタルは、トゥールーズに近いロラゲ地方の1軒のフェルミエで作られています。

*トルバドール（Troubadour）：王妃アリエノール・ダキテーヌ（Aliénor d'Aquitaine）の保護を受けたベルナール・ド・ヴァンタドール（Bernard de Ventadour）の詩が有名だ。いくつかの主題によっても分類されている（暁の歌、つむぎ歌、政治風刺、追悼、討論、愛の歌など）。これらの詩はハーブやリュートで歌われた。12世紀になると北フランスのトルヴェール（Truvères）、ドイツのミンネゼンガー（Minnesänger）として広がっていった。

Cendré de Champagne
サンドレ・ド・シャンパーニュ

【牛／生】PM　グラン・テスト圏　大：直径15cm　高さ3cm　300g　MG30%、
小：直径11cm　高さ3cm　200g　MG20%　F

　ぶどう畑の広がるシャンパーニュ、ブルゴーニュ、オルレアン地方などでは、古くから灰まぶしのチーズが作られてきました。この灰の中で熟成させるチーズは、昔ぶどうの収穫時期あるいは剪定の時期に、枝を燃やした後に残った灰を利用して、土地の人がチーズを保存するために作ってきました。はじめは自家用だったものが、次第に地方の特別なチーズとして評価を得たのでしょう。

　同様に、ブルゴーニュには洗ったチーズを灰の中で熟成させるエジィ＝サンドレ(P.20参照)があります。また、アルデンヌにはサンドレ・デ・アルデンヌ（Cendré des Ardennes）、マルヌのエルツ＝ル＝モリュプトにはサンドレ・ダルゴンヌ（Cendré d'Argonne）やノワイエ・ル・ヴァル（Noyers le Val）、ヴァロワにはエクランス（Eclance）がありましたが今は作られていません。また、モルマンではサンドレ・ド・ブリ（Cendré de Brie）が作られてきましたが、現在は白カビのパートの中に食用の木炭粉でモルビエ(P.122参照)風に飾ったものとなっています。他にも、ヴォーヴではサンドレ・ド・ボース（Cendré de Beauce）、オーブではサンドレ・デクランス（Cendré d'Eclance）が作られ、伝統の技術を守っています。

Chabichou du Poitou A.O.P.
シャビシュー・デュ・ポワトゥー

【山羊／生】C　ヌーヴェル＝アキテーヌ圏ヴィエンヌ県（86）、
ドゥー＝セーヴル県（79）、シャラント県（16）の一部
直径（上）5cm、（下）6cm　高さ6〜7cm　150〜160g
※他に直径6.5cm、高さ6.5〜16cmも認められている　MG45%　F・L・I

　732年、南スペインから進軍したサラセン人は、ポワティエでシャルル・マルテルに討たれ敗退しましたが、その時にこのポワトゥー地方に、山羊の飼育法とチーズの製法を伝え、それは後にこの地にシェーヴルが大きく発展する要因となったと伝えられています。しかし、実際はそれよりももっと古い時代からチーズが作られていました。"シャビシュー（Chabichou）"は、アラビア語で山羊を意味する"シュブリ（chebli）"が崩れた言葉だといわれています。今ではこの地方はフランス一の山羊の飼育地帯となって、シャビやシャビシューと名の付くたくさんのチーズを生み出しました。シャビシュー・デ・モテ（Chabichou de Mothais）、シャビシュー・サン＝メクサン（Chabichou Saint-Maixent）は小さくて平たいシャビシュー・デュ・ポワトゥーの兄弟分ですが、A.O.P.を認められたチーズとは異なる位置付けをされています。

　フレッシュな全乳に乳酸と少しの凝乳酵素を入れ、凝乳は手作業でルーシュを用いてボンドン（樽の栓の意）型に入れます。シャビシューは、表面に直接塩を付けて加塩します＊。規定では製造されてから10日間は必ず10〜12℃、湿度80〜90%のカーヴで熟成させることが義務付けられています。初めに白いカビが表面を覆い、クリーム色になり、次第にグレーがかったブルーのカビが生えはじめます。

　熟成の若いものはきめが細かくしっとりとした白い中身で、なめらかに口の中で溶けます。熟成が進むと表皮も固く、白カビや青カビで覆われ、中身もボロッと崩れる固さになる頃は、ほどよい酸味とナッツのような味わいがあります。

シャビシュー・デュ・セーヴル
(Chabichou du Sèvres)

＊ソミュール液（25℃以下）での加塩も認められている。

Chambarand ／ Trappiste de Chambarand
シャンバラン／トラピスト・ド・シャンバラン

【牛／殺菌】PPNC　オーヴェルニュ＝ローヌ＝アルプ圏イゼール県（38）
直径6～8cm　高さ2cm　160～300g
MG45%（10%のものもある）　M

　昔はボープレ＝ド＝ロワボン（Beaupré-de-Roybon）の名前で知られていました。シャンバランはドーフィネ地方イゼール県のシトー会修道院の名前です。ノートルダム・ド・シャンバラン（Notre-Dame de Chambarand）修道院は1868年に設立。1931年からチーズの生産を手掛け、近隣の農家からミルクを調達して修道院で作っています。洗いながら熟成させるチーズで、製法も味もルブロション（P.142参照）によく似てやさしく口の中で溶け、クリーミーでまろやかです。ここでは、修道院マーク（P.74参照）の下でチーズを販売しています。

Chaource A.O.P.
シャウルス

【牛／生・殺菌】PM　グラン・テスト圏オーブ県（10）、
ブルゴーニュ＝フランシュ＝コンテ圏ヨンヌ県（89）両県の一部
大：直径11cm　高さ6～7cm　450g、小：直径9cm　高さ5～6cm　250g
MG50%～　A・L

　シャウルスは、小さな町の市場の名前です。2匹の白い猫（Cha）と黒い熊（Ours）が町の紋章になっていて、これはサン・テスプリの教会のステンドグラスにも描かれているものです。このチーズは、1114年に建てられたシトー会のポンティーニ（Pontigny）修道院で作られていたと伝えられます。1362年に市場に出されたことが記録にあります。1513年にはシャウルスを統治していた司祭に、その地の民が110匹の去勢鶏と36個のチーズを贈ったことがわかっています（P.Androuët）。

　農家ではかつて全乳を使用し、乳酸菌のみで12時間発酵させてカードを作ってきましたが、現在は凝乳酵素を加えてカードを作ります。古くはシャスラン（chasserans）という丸型の陶器で、時間をかけて自然脱水させました。型から出したら軽く塩をして、白カビを吹き付けてから熟成させます。熟成規定では2週間は土地のカーヴで出荷を待たなくてはなりません。

　口溶けがクリームのようになめらかで、コクがあり、快い酸味が広がります。

Charolais A.O.P.
シャロレ

【山羊／生】PM　ブルゴーニュ＝フランシュ＝コンテ圏ソーヌ＝エ＝ロワール県（71）
直径5〜6cm　高さ7〜8cm　200g　MG45％　F・A

　高級牛肉シャロレ（Charolais）の産地で作られてきました。16世紀になると土地も家もない人々は、日雇いをするか地主との契約農民になり、収穫を折半するより生きる手だてがありませんでした。そこで彼らは"貧乏人の牛"といわれた数頭の山羊を、共同牧場や田舎の道沿いで飼育し、自家用のチーズを作っていました。それが次第に農家のおかみさんたちの仕事となり、家計を助ける生業として伝えられてきました。

　コクがあり酸味も少なく、よいものは木の実の味わいがあります。マコネ（P.113参照）の風味にも似ています。シャロレの周辺では、古くからブレス（Bresse）と名乗る小さな円錐台形で牛乳を混ぜたものもフェルミエ製で作られてきましたが、A.O.P.に認められたシャロレは山羊乳製の円筒形のものに限られます。

Chevrotin des Aravis A.O.P.
シュヴロタン・デザラヴィ

【山羊／生】PPNC　オーヴェルニュ＝ローヌ＝アルプ圏オート＝サヴォワ県（74）
直径9～12cm　高さ3～4.5cm　250～350g　MG45%～　F

　シュヴロタンの郷、アルプスに近いサヴォワの地アラヴィ、ボージュ、シャブレ地方では3世紀にわたって牛乳で作るルブロション（P.142参照）とともに山羊乳チーズも作られてきました。かつて山小屋で暮らす人々は、家族のためのミルクと食肉用に、そしてまたその脂でロウソクを作るために2～3頭の山羊を飼っていて、余ったミルクでシュヴロタンを作っていました。ですから、古くは牛乳またはその乳清やそのカードを混ぜて作られていたかもしれません。20世紀後半から伝統的な食品を遺そうとする世界的な動きのなかで、ここでも故郷に生きようとする若者たちの考えで、貧しい暮しを支えてきたかつての命の糧は新しい使命を持ちました。

　農家製であることがこのチーズの条件で、1軒の農家で飼われている山羊のミルクだけで作られています。1頭の山羊から800ℓまでの搾乳が規定されています。4軒の熟成専門業者があり、チーズが作られてから21日目に市場に出ます。サヴォワの自然の恵みあふれるアルピン種山羊のミルクのよさを味わいます。

《サヴォワのシュヴロタン》

　サヴォワのシュヴロタンには500～600gの非加熱圧搾のシュブロタン・ド・モンヴァルザン（Chevrotin de Monvalezan）や、シュヴロタン・ド・ペイゼ＝ナンクロワ（Chevrotin de Peisey-Nancroix）、シュヴロタン・デ・ボージュ（Chevrotin des Bauges）、シュヴロタン・ヴァレ・ド・モルジーヌ（Chevrotin Vallée de Morzine）、シュヴロタン・ド・マコ（Chevrotin de Macot）があり、8kgの大型のものでシュヴロタン・ド・モン＝スニ（Chevrotin de Mont-Cenis）が作られています。

《オーヴェルニュのシュヴロタン》

　オーヴェルニュでは、山羊乳でパート・モルのシュヴロトン・ド・ティエル（Chevroton de Thiers、直径6cm　高さ2.5〜3cm　F）が作られていました。他にも、シュヴロタン（シュヴロトン）を名乗るチーズで、シュヴロタン・ド・コーヌ（Chevrotin de Conne）、またはシュヴロタン・ド・ムーラン（Chevrotin de Moulins）と呼ばれるものがあり、それは円錐形（直径6cm　高さ6〜8cm　200〜230ｇ）で、時には牛乳を混ぜて作られるものだったようです。アンベールにはシュヴルトン・ダンベール（Chevreton d'Ambert）があり、それはブリック・デュ・フォレという名でも呼ばれていたそうです（P.48参照）。このことは、サヴォワだけでなくオーヴェルニュでも太古から山羊チーズが作られ続けてきたことを明らかにするものです。他にもシュヴロタンと同じような山羊乳で円筒形のカブリウー（Cabriou）またはシャブリロー（Chabrilloux）というチーズがあったといいます。

　かつてはオーヴェルニュの北部で作られてきたシュヴロタン・デュ・ブルボネ（Chevrotin du Bourbonnais、直径5〜6cm　高さ6〜8cm　200〜230g　MG45%　F）は、スヴィニーやブルボネのコーヌ＝ダリエでも作られていて、それらの多くはブルボネの名前で販売されていました。そして、その大きなクロタン（P.83参照）のようなシェーヴルは現在も作り続けられています。

Cîteaux／Abbaye de Cîteaux
シトー／アベイ・ド・シトー

【牛／殺菌（T）】PPNC　ブルゴーニュ＝フランシュ＝コンテ圏コート＝ドール県 (21)
直径18cm　高さ4cm　1kg　MG45%　M

　清貧を旨とし、荒野に暮らす修道士たちの手によって作られてきました。シトー修道院は1098年に改革派修道士会の修道士サン＝ベルナール（Saint-Bernard）によって設立されました。このチーズは、モンベリアルド牛の生乳で作られ、表皮を洗って修道院で熟成されますので、ここのカーヴ独特のカビの香りがあります。弾力のあるクリームを食べているようなやさしい風味で、赤ちゃんでも食べられそうなまろやかなチーズです。

5000haの広さがあるシトー修道院。14〜17世紀の建物。

修道士は週2回チーズ作りをする。ここで月約4000個のチーズが生産される。

表皮を洗ってカーヴで熟成させる。

包装されたシトー。

《修道院製チーズと市場》

中世ヨーロッパの農業発展の要因の一つは、森林の伐採と沼地の干拓によって大開墾されたこと、また技術が革新されて、馬による開耕や水車の利用による農業生産の効率化が図られたためといわれています。森林に分け入り樫やブナや菩提樹などの木々を伐り倒し、山や荒野を開拓していった修道士たちの貢献も大なるものでした。

9世紀半ばのフランスでは、オーセールのサン＝ジェルマン（Saint-Germain）修道院の教会が再建されたのを契機として、蛮族侵入によって荒らされていた教会が再建され、寒村にも修道院が新設されるようになりました。そして10世紀から11世紀にかけてヨーロッパでは次々と教会修道院が建立されていくのですが、その多くは聖地に巡礼する者を保護するために結成された騎士団の修道会や貴族、領主による市場開設のための寄進によるものでした。またこの頃、紀元1000年への不安＊から代祷（とりなし）により逃れたいと願う貴族たちの寄進も多くあったため、修道院はその領土を拡大していきました（饗庭孝男）。そのような時代の流れのなかで、ベネディクト会のクリュニー（Cluny）修道院（910年設立）は、ヨーロッパ各地に1200〜1500もの修道院を組織するクリュニー会として大きく発展しました。各修道院は、設立とともに荘園を発展させ、チーズの熟成技術なども伝えていきました。が、クリュニー会のほとんどの修道院は、すぐに小作農にその労働を任せてしまいました。

第2回十字軍の遠征以降、教会が作った「十分の一税」制度は、献金や奉納、納税を定期的、恒久的な収納制度としました。そしてそれまでの古来の修道院を核とした都市集落と城主支配領域の発展をより促進しました。また、十字軍の資金調達とその管理運用は、現地への送金や手形などの金融業務を発達させるとともに、各地での所領の征服と同時に行なった東方貿易によって、12世紀半ば以降ブルゴーニュやシャンパーニュなどの町で大市"フォワール（foire）"が開かれるようになりました。そこには、年に一度の収穫物や農工具や穀物、種などの必需品や日用品だけでなく、毛織物や嗜好品、さまざまな工芸品などが内外から集まるようになりました。そうしてパリとその周辺やアルトワ地方で商品の巨大流通網が発達することとなっていきました。

大市は交通の要所にある教会の広場などで開かれ、次第にその必要性に応じて週1回の開催に移行しました。また一方で、農村でも市が開かれるようになっていきました。富を蓄え巨大化した修道会組織は、広範囲にわたる所領網と各教会との間の物資の流通で、都市とその市場の連結と発展を促しました。また、領主たちが市場を開く権利は、フランス王国の公権を持つことを誇示し、支配権を行使することにもなりました。そこで、城主たちは教会を保護し、修道会に所領を寄進して新たな市場の開設を認めたので、都市の領域が拡張するごとに新しい教区内や新旧の教区の境界に市場が新設されていきました（大宅明美）。

このように古くから市場は教会に結びついて発展し、修道会グループ間の物品の運搬や、各市場での生産品の販売を促進しました。また農民の賦課にもなっていたチーズの販売は、初めは年に一度の余剰生産物として販売されていましたので、大型の熟成チーズだけだったかもしれませんが、それが週市ともなれば、フレッシュをはじめパートがやわらかく水分の多いチーズもさまざまに工夫され、修道院のカーヴのカビで化粧したりウォッシュしたりするものが新たに生まれていったのだと思います。

11世紀に入ってクリュニー会の華美な修道士の暮しを批判し、ベネディクト会のなかで

も「聖ベネディクトゥス戒律」を厳守しようとするシトー（Citeaux）修道院が、1098年12人の修道士によってディジョン南方24kmほどのサオーヌの原野の中に設立されました。元来彼の修道士は、清貧を専らにしていましたから、この時代に質素でありながら高カロリーで滋養食品であるチーズは、彼らの生活を維持するのにぴったりの重要な食べ物でした。修道士たちはそのことをよく知っていて、人々の困窮を救う時のためにも、それを貯える術を伝え持っていました。修道士がその製法を守ってこられたのは、古代末期から中世初期の高聖職者は、ローマからの亡命貴族も多く科学的な知識もあり、記録を残すことができたからです。12世紀には、シトー修道会はフランス王国内に2000を超える大組織となっていきました。

当時チーズは修道院の中ばかりでなく、山野を越えて聖地を回る巡礼者の旅を支えるための食糧としても大切なものでした。初めは巡礼者のために組織され発展していった十字軍騎士修道会は、クロミエに見られるような兵士修道院・コマンドリー（commanderie）をローヌ・アルプからスイスの山岳地帯へ向かう辺境の地をはじめ、イタリアやサンティアゴ（スペイン）への巡礼の道など各地に大小さまざまに配していきました。すると、商業政策などと結びつくところも出現し、その最盛期にはヨーロッパ全土には9000もの修道院があり、そのうちの3000はフランスにあったといわれています。

ほぼヨーロッパ全土を席巻したキリスト教は、修道士ばかりでなくすべての信者に、四旬節「大斎」の日と肉断ちの「小斎」の日の食事を厳格に定めていました。しかし、異教の国などにおいてはなかなか徹底することが難しく、とくに病人や子供などは例外を認めざるを得ず、また布教先の国や地方の信仰や習慣によって変更を余儀なくされました。ことに肉の代替食については、禁止されていた魚をはじめ、バターやチーズなどの乳製品や卵を一部では食してもよいことになると、次第に規則は緩んでいきます。

そして15世紀に入るとすぐルーアンの人々は、四旬節にバターを食べられることを条件に、塔を建てる約束を取りつけましたが、そのいわゆるバターの塔の工事が始まったのは1485年になってからでした（B.Laurioux）。やがて托鉢の修道会のレシピに胡椒やサフランも見られるようになり、ついには質素でなくてはならない日々の食事にも嗜好贅沢品を使うようになっていくのでした。

このようにして規律が緩んで乳製品の必需性が高まるにつれ、チーズの価値も高くなり、一部のチーズは高級化してブルジョワの集まる市場にも並ぶようになりました。

＊ 紀元1000年への不安：およそ980年頃から1050年くらいまでの間、人々の多くは"キリスト受難の1000年目"1035年が来るのを恐れていた。それは、"悪"がこの世を襲い、人類の終末が来るという不安と苦悩で、こうしたものから逃れ、確実な救済を手に入れるために貴族領主は教会や修道院への「寄進」や「施し」を盛んに行なった。そしてその代償として、祖先の霊の救済のために神に祈りを捧げる「代祷」(とりなし)のミサ聖祭が行なわれており、また施しをすることによって、「世の終末」と「最後の審判」の時に備えて心の安らぎを得ようとしていた。また、自力救済のためには巡礼、詩編朗読、苦行なども行なわれていた。

修道院製マークのチーズ
(L'Artisanat Monastique)

修道士たちがベネディクトゥスの精神「祈り、そして自らの手で生産する」を継承して作るチーズやビールなどの製品を保証するマーク。グループ内のみで販売されるものもある。

モナスティック・マーク

❶ Mont des Cats
❷ Abbaye de Belval
❸ Timadeuc
❹ Trappe de la Coudre
❺ Cîteaux
❻ Echourgnac
❼ Chambarand
❽ Tamié

❶ モン・デ・カ
❷ アベイ・ド・ベルヴァル
❸ ティマドゥーク (P.168参照)
❹ トラップ・ド・ラ・クードル
❺ シトー (P.71参照)
❻ エシュルニャック (P.86参照)
❼ シャンバラン (P.68参照)
❽ タミエ (P.167参照)

074 フランスチーズ解説

Cœur à la Crème / Fromage Blanc
クール・ア・ラ・クレーム／フロマージュ・ブラン
【牛乳／生】F　イル＝ド＝フランス圏　MG45%　フロマジュリーメゾン

　熟成させないフレッシュなチーズをフロマージュ・ブランと呼びます。なめらかなポマード状のもの（リス、Lisse）と、カッテージチーズのようなタイプ（カンパーニュ、Campagne）があります。乳清を取り除いたばかりの状態で型に入れられ市場に出るものはフェセル（P.88参照）とも呼ばれています。ヨーグルトのようにやわらかい凝乳チーズは、その水分の取り除き方で固さが変化します。クール・ア・ラ・クレームはハート形のフレッシュチーズで、1990年代後半のパリで生クリームと一緒にデザートとしてサーヴィスされていました。他に果物やコンポート（果物のシロップ煮）やコンフィチュール（ジャム）とも合わせて楽しんでいました。

Cœur de Chèvre du Tarn
クール・ド・シェーヴル・デュ・タルン
【羊／生】C　オクシタニー圏タルン県(81)　8×8cm　高さ1.5cm　150g　MG45%　F

　ミディ＝ピレネーの自然の中に放牧された羊のコクを味わうチーズは、朝晩2回搾乳したミルクで作ります。カードを大きくカットした後、ルーシュで型入れするという丁寧な仕事は、チーズの旨みにも反映されています。

　ハートの形のチーズは各地で作られています。クール（Cœur）を名乗るシェーヴルは、ロット県にクール・ド・シェーヴル（Cœur de Chèvre、直径8cm　高さ1.5cm　150g　MG25%）という生乳のフェルミエ製があり、他にもクール・ド・サン・フェリックス＝ロウラゲ（Cœur de Saint Félix-Lauragais、直径5cm　高さ1cm　約30g　MG45%）が作られています。山羊乳チーズのメッカ、ロワール川流域のセル＝シュル＝シェールでは、レティエ製のハート形、クール・ド・シェーヴルが生産を伸ばしています。また他にも木炭粉を付けたクール・ド・ベリイ（Cœur de Berry、10×10cm角　高さ3cm　150g　MG45%）も同地域で作られています。

　一方、古くから北で作られてきたハート形のチーズはほとんどが牛乳製で、クール・ド・ティエラッシュ（Cœur de Thiérache）、ロロ（P.146参照）やクール・ダヴェンヌ（Cœur d'Avesnes）などが表皮を洗って熟成させたものです。また、アラスにMG31%でハート形のウォッシュ、クール・ダラス（Cœur d'Arras）があります。

クール・ダヴェンヌ（牛乳製。横10cm　縦7〜8cm　高さ3〜3.5cm　200g　MG45〜55%　A・L）。

Comté A.O.P.
コンテ

【牛／生】PPC　ブルゴーニュ＝フランシュ＝コンテ圏ドゥー県（25）、ジュラ県（39）、オート＝ソーヌ県（70）各県の全域。テリトワール・ド・ベルフォール県（90）、コート＝ドール県（21）、ソーヌ＝エ＝ロワール県（71）、オーヴェルニュ＝ローヌ＝アルプ圏アン県（01）、グラン・テスト圏オート＝マルヌ県（52）、ヴォージュ県（88）各県の一部
直径55〜75cm　高さ8〜13cm　30〜48kg　MG45〜54%　A・L・C・I

　フランス人が誇る、生産量も輸出量も国で一番のチーズです。古くはグリュイエール・ド・コンテ（Gruyère de Comté）の呼び名でも親しまれてきました。

　フランシュ＝コンテ地方は、中世のブルゴーニュ伯領で神聖ローマ帝国領域内でしたが、14世紀末にブルゴーニュ公国に組み入れられました。かつてこの地方では製塩業が盛んで、後にフランス国王の国庫の財源の一つとなっていました。サラン＝レ＝バンやモンモロには多くの塩を汲む井戸があり、製塩するための釜を炊く薪も大量にありました。コンテがこの地で熟成され次第に量産されるようになったのも、豊富にある薪とともに「白い黄金」と呼ばれた塩がこの地で大量に生産できたことが要因にあるでしょう。

　グリュイエール・ド・コンテの名は、中世に領主の山林を管理していた地方税徴収官"アジャン・グリュイエ（agents gruyers）"に由来していると考えられます。この時代に作られていたコンテは今よりも大きく、製造所も1ヵ所だったので、フェルミエは各々のミルクを集めて共同でチーズを作っていました。そして、そこではたくさんの薪を役人が管理していたこと、そして生産量をチェックする時にも必ずグリュイエが立ち会っていたことから、コンテのグリュイエール（グリュイエール・ド・コンテ）と呼ばれるようになりました。それは国王、領主の管轄地を"グリュエリィ（gruerie）"と呼んでいたことにも関係があるかもしれません。また、アルプスの共同体・フリュイティエ（fruitier）(P.19註参照)で、コンテはフリュイ・ド・ラ・モンターニュ（Fruit de la Montagne、山の果実）と呼ばれていました。

　コンテには、街角で買う焼き栗のような、ほっこりとして淡い甘みとコクがあります。それはフランスの晩秋の味と香りです。このチーズは1年中ありますが、夏のミルクで作ったものはグレープフルーツなどの果物や草花の香りがあり、深い味わいがあります。熟成の違う2種類のコンテで作る「フォンデュ・コントワーズ（Fondue Comtoise）」はコンテの旨みを出し切った最高の味といわれています。

《要塞に眠るコンテ》

かつてスイスとの国境周辺には大きな要塞が2つありました。その一つがポンタリエからスイス国境近くへ向かいモンドール山を臨むフォール＝サンタントワーヌ（Fort-St.Antoine）です。この要塞跡はマルセル・プティト（Marcel Petite）社によって1966年にコンテのカーヴとして生まれ変わり、6万5000個のコンテが熟成されています。

ジュラでリヴォワール・ジャックマン（Rivoire-Jacquemin）社がカーヴにしたのは、モンモロでした。また、コンテ・ジュラフロール・ド・モンターニュ（Comté Juraflore de Montagne）には、70年以上の年月をかけて建てられた21haの大きな要塞跡があり、そこには214mの長さを誇る石のトンネル、カーヴ・フォール・デ・ルースー（Cave Fort des Rousses）があります。カーヴ・フォール・デ・ルースーは「聞こう動物の声」という5000haも広がる自然公園の中にあり、現在は闘いに備えた兵士に代わり、フランス屈指のコンテが120日の出荷規定を待って、カーヴの中のエピセアのベッドで静かに眠っています。

このような部屋がいくつも続く、フォール＝サンタントワーヌのカーヴ。

定期的に塩水でブラッシング。一部を除いて作業は機械で行なわれる。

ソンドで引き出し、味と香りをチェックする。

コンテを型入れする時に、品質を保証するカゼインマークが付けられる。チーズ製造日と生産場所を数字で管理している（確かなトレーサビリティ）。

金槌（トライヤー）で叩いて音を聞き、中に空洞やひび割れがないかどうかチェックする。

バンドを巻く。緑のバンドはコンテ・エクストラ（Comté Extra）。

《フランスが誇るコンテの審査基準》

　コンテの品質審査は 5 項目の内容を 20 点満点でチェックされ、14 点以上獲得できないものは、呼称認定されません。

　表の 1 〜 4 のいずれかで 0 点を取ったもの、例えばパートが白すぎるもの、気孔がありすぎるもの、形が膨張しているものも失格になります。また、5 の風味審査で、9 点満点中で 3 点以下だったものも失格です。味では、とくに熟成不良時に感じる苦みや、ピリピリと舌を刺すような風味のあるものなどは、「コンテ」というチーズ名で販売できません。失格となったチーズはプロセスチーズや、「グリュイエール」に総称されるチーズとなって市場に出ていきます。

　コンテの側面に巻かれる緑のベルトは、審査得点 20 〜 15 点で 7 ヵ月以上の熟成もので、コンテ・エクストラ（Comté Extra）と呼ばれます。茶のベルトは 15 〜 14 点の 6 ヵ月までのもので、風味の得点基準を満たすことが規定です。

A.O.P.（A.O.C.）コンテの審査基準

審査箇所	各項目の得点配分 20/20 満点	規定の水準
1 表面全般	1/20	きれいな凸面を形成していること。側面に定められた高さがあること。表面に亀裂やコブのあるものは不可。
2 表皮の品質	1.5/20	モルジュ化した皮、堅牢で褐色の表皮。表面が乾燥しすぎていたり、ぬめっていたり、しみがあるものや、全体に白っぽいものは不可。
3 断面とチーズの目	3.5/20	1/2 カットの断面に 10 〜 20 個の気孔。チーズの目はあってもよい。ただし、サクランボ大までの丸くきれいなもので、平均に分布するもの。縦に亀裂の入ったものは不可。
4 中身（パート）の品質	5/20	（状態）全体にクリームがかった黄色またはオレンジがかった山吹色で、色むらがないこと。少し弾力があり、粘りがあること。脂肪過多、水分過剰は不可。 （口中）きめが細かく引き締まったパート。試食して口蓋にくっついてしまうのは不可。
5 味覚に関する品質	9/20	嫌みのない味。クルミや栗、ヘーゼルナッツなどの木の実のような味。軽く乳糖を焦がした味。アプリコット、いちじくなどのドライフルーツのような味わい。干し草などの植物性の匂い。塩味、酸味、甘み、ほろっとした苦みなど味のバランスがよいこと。よい後味が持続すること。ピリピリ刺す味は不可。

Comtesse de Vichy
コンテス・ド・ヴィシー

【牛乳／殺菌(T)】PM　オーヴェルニュ＝ローヌ＝アルプ圏ピュイ＝ド＝ドーム県（63）
直径20cm　高さ3cm　550g　MG28%　L

　温泉保養地として有名なヴィシーのフロマジュリー・デ・ペイ・デュルフェ（Fromagerie des Pays d'Urfé）で作られる、比較的新しいチーズです。"ヴィシィの伯爵夫人"と呼ばれる名のごとく上品な風味ですが、熟成が進むと熟女から手強いものに変化します。側面にエピセアを巻かれ、白いベルベットをまとった貴婦人は、ダイエットをしなくてはならないチーズ好きを満足させる旨みのある低脂肪タイプです。

Corcica®
コルシカ

【羊／殺菌】PPNC　コルス圏オート＝コルス県（2B）
直径10〜11cm　高さ5cm　500g　MG50%　I

　土地でコルスを表す方言「コルシカ」で商標登録されています。バスティアの南に位置するボルゴで作られてきました。20世紀まで、コルスの羊乳は本土に運ばれ、原料として広く利用されてきました。21世紀に入って間もなく原産地呼称統制の規定の変更によって原産地外の羊乳が不要になると、コルスの羊乳業者は当時生産が増加していた地元のチーズ工房へミルクを売るようになりました。このチーズは大手乳業メーカー、ラクタリス傘下の工場で作られています。羊独特のコクがあるチーズです。

Coulommiers ／ Brie de Coulommiers
クロミエ／ブリ・ド・クロミエ

【牛／生】PM　イル＝ド＝フランス圏セーヌ＝エ＝マルヌ県（77）
直径 12.5〜24cm　高さ 2.5〜3cm　500g〜1.5kg　MG45〜50％　F・A・L・I

クロミエの名は市場があった町の名前に由来しているといわれます。クロミエには現在も兵士修道院・コマンドリー（commanderie）があり、そこには家畜小屋も残っていることから、この修道院でもチーズが作られていた可能性があると考えられます。19世紀の作家で新聞のコラムニストでもあったラウル・ポンション（Raoul Ponchon）は、クロミエを称える詩を残しています。

君よ、本物のチーズの名を挙げてみたまえ
全て、最上なるチーズに於いて
神聖なるイメージの下に評価しよう
しかなればクロミエに勝るものなし

Tel fromage que vous normminez
Furant sur les saintes images
Oue sur tous les meilleurs fromages
Prevaut celui de Coulommiers

《古い兵士修道院とクロミエ》

　クロミエには兵士修道院とその病院があり、そこでもチーズが作られていたと推測できます。写真は現存する兵士修道院のなかでもよく往時が偲ばれるものの一つで、12〜14世紀の建造物。またこの時代、近郊の兵士修道院などでも多くの羊が飼育されていたことが記録に残っています。

クロミエには古い兵士修道院があり、そこには家畜小屋も残っていることから、チーズが作られていたと推測できる。

古くから教会の近くの広場に立つ市場。毎週水曜と日曜に開かれる市場には、老舗フロマジュリーもある。

クロミエの市場で見つけた土地の人のための黒いブリ、ブリ・ノワール。「普通の人には難しいブリ」だそう。

Crémeux du Mont Saint-Michel
クレムー・デュ・モン・サン゠ミシェル

【牛／生】PM　ノルマンディー圏カルヴァドス県 (14)
直径12cm　高さ3cm　250g　MG25%　L

　カルヴァドスから車で20分ほどの地に、フロマジュリー・ド・パン・ダヴェン（Fromagerie de Pain d'Avaine）はあります。1998年に創業したジャン゠シャルル・ラバッシュ（Jean-Charles Rabache）はマンステル（P.124参照）の作り手でしたが、時代の要請によって脂肪分の少ない白カビチーズを作りはじめました。他にも、土地のリンゴ酒（シードル）で洗ったヴィエイユ・マンディエール（Vieille Mandière）や、脂肪分を22％にしたカマンベールを作っています。"ロクシタンの偉業"と讃えられるモン・サン゠ミシェルをバックに潮風の中で湿地帯の草を食むノルマンド牛は、濃いミルクを産出する土地の伝統種です。

ノルマンド牛。

Crottin de Chavignol ／ Chavignol A.O.P.
クロタン・ド・シャヴィニョル／シャヴィニョル

【山羊／生】C　サントル＝ヴァル・ド・ロワール圏シェール県（18）全域。
ロワレ県（45）、ブルゴーニュ＝フランシュ＝コンテ圏ニエーヴル県（58）両県の一部
直径4〜5cm　高さ3〜4cm　40〜140ｇ（乾燥度による）　MG45%〜　A・L

　クロタンの名は、チーズを作る時の型が素焼きの陶器でできた"クロ（crot）"と呼ばれるランプに似ていたからだという説や、小さな糞（crotte）のことを表すなどの説があります[*1]。1986年の政令からシャヴィニョル（Chavignol）のみの名称も認められています。クロタン・ド・シャヴィニョルには、表皮がきれいな象牙色で白やブルーのカビを持たないものもありますが、ルパッセ（repassé）と呼ばれる濃い栗色の表皮となったものもあります。また、表皮をブルーに乾燥熟成させたものもルパッセと呼ばれ、それらの中身はボロッと崩れます。

　搾乳後、乳酸菌と少しの凝乳酵素を入れてカードを作ります。麻布で軽く水きりをした後、ルーシュでフェセル（faiselle）[*2]と呼ばれる型[*3]に入れます。型から出したアイヴォリーのチーズは、少なくとも10日間は乾燥熟成させなくてはなりません。ミ・セックからセックまでの熟度の違いによる味と香り、異なった食感を楽しみます。中身はもちろんですが、セックは皮にも旨みがあるとされ、通好みと珍重されています。乾燥熟成が進むと硬く、小さくなり、旨みも凝縮して、お値段も宜しくなるクロタンですが、熟成したものにはヘーゼルナッツのようなコクと旨みがあります。製造乳は1976年より冷凍乳を用いることも許されていますので1年中ありますが、農家製でも冷凍乳のものはフェルミエを表示できません。

[*1]　クロタン（Crottin）：クロット（crotte）には糞の意味があり、熟成の進んだクロタンの形が山羊の糞に似ているので、crottinと呼ばれるようになったという説もある。

[*2]　フェセル（faiselle）：フェセルはラテン語のfiscellaeから派生した言葉で、籠を意味している。一般的にはザルや穴のあいたチーズドレイナーのことを表す。ノルマンディーではリンゴを圧搾する台をフェセルと呼ぶ（『ロベール仏和大辞典』）。フランス南西部では山羊チーズのことをフェセル（P.88参照）と呼び、それはフェセルで作る。

[*3]　直径上部5cm・底部7.5cm、高さ8cm以下の円錐台形の型に入れて反転し、独特の形に成形する。型については現在フェセル、ブロック・ムール（bloc-moules）などの使用が認められている。型入れしてからのプレ・エグタージュ（前段階の脱水）をすることが義務付けられている。

Curé Nantais
キュレ・ナンテ

【牛／生・殺菌（P）】L　ペイ＝ド＝ラ＝ロワール圏ロワール＝アトランティック県（44）
丸形：直径16cm　高さ4cm　380g
角形：8cm角　高さ3cm　200ｇ　MG40%　A・L

　キュレ（司祭）と呼ばれるチーズはロワール川下流のサン＝ジュリアン＝ド＝コンセルで作られてきました。そこは、6世紀のガロ・ロマン時代にまでその歴史を遡ることができる村です。サン＝ジュリアンの名はこの村に水門を造った司祭の名前で、ここにロワール川の流れを塞き止めて沼を造り養殖漁を伝えたとされ、そのことはコンセルがラテン語で水門を意味する言葉であるということからも確かなものとされています。また、水の上に建てられたと記され現存する古い教会は、マンの司教が615年に建てたもので、それらの史跡の遺る地がキュレ・ナンテの故郷です。

　チーズは古くから作られていたと思われますが、キュレ・ナンテの誕生については、18世紀にヴァンデより逃れてきた司祭がナントに近いサン＝ジュリアン＝ド＝コンセルで、アロウィ島[*1]のチーズ農家のレシピと修道院のレシピを合わせて村人に伝えたのが始まりといわれています。おそらくフランス革命の難を逃れて伝えられたチーズは、サン＝ポーラン（P.162参照）のレシピをまだそのまま使えず、オリジナルにしなければならなかった時代の条件に見合った形で生まれたものだったのでしょう。修道院レシピとの大きな違いは、圧搾せずに型を何度も反転させてカードの乳清をよくきる方法です。

　"食通の本当の楽しみ"と讃えられたチーズはキュレ・ナンテと名乗り、1世紀あまりの間、土地の女たちの手によってその製造が受け継がれてきました。かつてその風味を醸し出すため、キュレはゲ・オ・ヴォワイエ城（Château du Gué au Voyer）のカーヴで熟成されていました。現在は3代このチーズを作り続け、生乳でアーティザナルを守るレティエのジョルジュ・パロラ（Georges Parola）の工場で、毎日2000個のキュレ・ナンテなどが生産されます。熟成は高湿度で4週間、ウォッシュは機械作業になりましたが、週に2回は表面を洗ってオレンジ色に輝かせながら、そのコクのある味わいを深められるようエピセアの棚の上で熟成させています。

*アロウィ（Harrouy）島：この島はロワール川の中州であると考えられる。

Dauphin
ドーファン

【牛／生・殺菌】L　オー＝ド＝フランス圏ノール県（59）
イルカ形：長さ 15 ～ 18cm　高さ 4 ～ 5cm　200 ～ 300g
角形：10 × 4cm　高さ 3 ～ 3.5cm　250 ～ 300g　MG45%　A・L

　1672 年 4 月から 6 年間続いたオランダ侵略戦争は、ヨーロッパ諸国が参戦しましたが、フランスの強大化を警戒する各国のオランダ支援によりルイ 14 世は破れ、ついに 1678 年 8 月 10 日に各国間の平和条約が結ばれることとなりました。

　ルイ 14 世が平和条約調印のためにオランダに向かう途中で、マロワル村に立ち寄り軽食をとった際、土地の人がマロワル（P.114 参照）にハーブで香り付けしたものを特別に用意しました。それを王太子がことのほか好んだので、土地の人が喜び、ドーファン（Dauphin、王太子）と命名し、イルカ（dauphin）の形に作られてきました。

　ブーレット・ダヴェンヌ（P.35 参照）と似た味わいで、若いものはエストラゴンの香りがほどよく、エスニック料理にも合います。

Dreux à la Feuille ／ Feuille de Dreux
ドルー・ア・ラ・フィユ／フィユ・ド・ドルー

【牛／生・殺菌（P）】PM　サントル＝ヴァル・ド・ロワール圏ウール＝エ＝ロワール県（28）
直径 12 ～ 16cm　高さ 2 ～ 3cm　300 ～ 350g　MG28 ～ 35%　A・I

　パリから西へ 80km ほどのところには、遠い昔にゴールの王城がありました。そこは中世のドルー伯領で、宗教戦争の舞台ともなりました。シャルトルの北の穀倉地帯のドルー村で農作業をする人たちのために作られはじめました。かつてこの地に大々的な作物栽培のために入植した人々は、大部分の食物を各々で賄わなければなりませんでした。今日ではすっかり飾りとなってしまった栗の葉は、その当時は木箱の中に重ねたチーズがくっつかないようにという保存の工夫から敷かれたものでした。

　白カビの花が少しずつ赤茶色のカビを呼びます。3 ヵ月の熟成で食べ頃となり、熟成の進んだ茶色のものは強い風味になります。

Echourgnac ／ Trappe d'Echourgnac
エシュルニャック／トラップ・デシュルニャック

【牛／殺菌（P）】L　ヌーヴェル＝アキテーヌ圏ドルドーニュ県（24）
直径10cm　高さ3cm　300g　45%　M

　ペリゴール地方のエシュルニャック修道院では、1923年より近隣農家からミルクを購入してサン＝ポーラン（P.162参照）同様の製法で表皮を洗うチーズを大小2タイプ作ってきました。1999年に工房を新しくするとともに、レシピを開発。土地特産のクルミのリキュールで表皮を拭きながら熟成するプティ・ノワ（Petit Noix）を作って評判を得ました。最近は山羊乳のチーズ、サン＝ジャン＝バティスト（Saint-Jean-Baptiste）の生産をはじめました。

　2004年からは、姉妹修道院であるブルターニュのティマドゥーク（Timadeuc）修道院がプティ・ノワのレシピに倣ってティマノワ（Timanoix）を作っています（P.168参照）。

Emmental de Savoie I.G.P.
エメンタル・ド・サヴォワ

【牛／生】PPC　オーヴェルニュ＝ローヌ＝アルプ圏サヴォワ県（73）、オート＝サヴォワ県（74）　直径72～80cm　高さ14～32cm　60kg　MG45%～　C

　エメンタルといえばスイスの歴史あるチーズですが、フランスでもエメンタル・フランセ（Emmental Français）として、19世紀になって生産されるようになりました。東はローヌ、西はスイスとイタリアの国境までの地域、南はシャルトルーズ、モーリエンヌ、北はレマン湖までが生産範囲です。

Emmental Français Est-Central I.G.P.
エメンタル・フランセ・エスト＝サントラル

【牛／生・殺菌（T）】PPC　グラン・テスト圏オ＝ラン県（68）、オート＝マルヌ県（52）、ブルゴーニュ＝フランシュ＝コンテ圏オート＝ソーヌ県（70）、ジュラ県（39）、テリトワール＝ド＝ベルフォール県（90）、ソール＝エ＝ロワール県（71）、オーヴェルニュ＝ローヌ＝アルプ圏イゼール県（38）、サヴォワ県（73）、オート＝サヴォワ県（74）　直径70～100cm　高さ14～32cm　60～130kg　MG45%～　C・I

　エメンタル・フランセ・エスト＝サントラルは、ヴォージュ、ジュラ、北部アルプス山塊の地域で生産されるものを指しています。グリュイエール（P.103参照）が生産される地域と同様の地域で産するI.G.P.に認められたエメンタルです。

Epoisses A.O.P.
エポワス

【牛／生・殺菌】L　ブルゴーニュ＝フランシュ＝コンテ圏コート＝ドール県 (21)、ヨンヌ県 (89)、グラン・テスト圏オート＝マルヌ県 (52) 各県の一部
大：直径 16.5～19cm　高さ 3～4.5cm　700g～1.1kg
小：直径 9.5～11.5cm　高さ 3～4.5cm　250～350g　MG50%　F・L

16世紀頃、ブルゴーニュに入植したシトー派の修道士によって作り出されたといわれています。かつて農家は長期保存できるチーズを作っていました。それは、大きなサイズのものもあり、表皮を塩水と古いマールで洗ってじっくりと熟成させるものでした。

全乳は主に乳酸菌の働きで16時間以上かけて凝乳に形を変えます。大きくカットして型入れしなければなりません。凝乳をグズグズに崩してはいけない決まりになっているからです。ゆっくりと自然脱水し型出しした後、カーヴに入ったエポワスは、週に1～3回、水または塩水で表皮を洗われます。2週目に入って表面が赤くなってきたら、ブルゴーニュのマールで洗います。このようにして土地のカーヴで4週間は磨かれることが決められています。

エポワスは18世紀の終わりにギュイトー伯爵 (Comte de Guitaut) によってヴェルサイユ宮殿に届けられ、ますますその知名度を高くしたといわれています。1775年に出版された『ブルゴーニュ公領叙景』にエポワスのことが修道士によって記されました。ナポレオン1世が、バーガンディの銘酒シャンベルタンとこれを合わせたことは忘れてはならないでしょう。

食通ブリア＝サヴァラン (Brillat-Savarin)（P.25 註参照）も「民衆の農家製チーズはすばらしい」とエポワスを讃えたといわれ、マール洗いのチーズは名声を博していきました。19世紀初頭のエポワス村には300軒のチーズ農家がありました。しかし、1914年の世界大戦で、生産農家は25軒に激減してしまいました。そして1950年には2軒の農家が残るだけとなり、その後は生産がまったく途絶えていましたが、第二次大戦後10年を経て、エポワス村のベルトー (Berthaut) がエポワスを伝統的な製法で復活させました。最近になって生乳での製法とマール洗いの熟成を守る中小の農家の後継者も出てきました。冬は完熟のトロトロが、夏はやさしい熟成が好まれています。現在ブルゴーニュなどのレティエでは、HACCP[*1] と BRC[*2] のシステムも併用し、56軒の生産者が完全な衛生管理に努めています。

[*1] HACCP (Hazard Analysis and Critical Control Point)：総合衛生管理製造過程と呼ばれるシステムで、ある食品が生産される場合にその衛生管理を製造段階ごとにチェックして、細菌の汚染から食品を完全に守るように考えられたアメリカの衛生管理システム。

[*2] BRC：英国小売商協会 (British Retail Consortium) が開発した規格で、食品のマネージメントからセキュリティ事項までがバランスよく網羅されている。

Explorateur®
エクスプロラトゥール

【牛／殺菌】PM　イル＝ド＝フランス圏セーヌ＝エ＝マルヌ県（77）
直径8cm　高さ6cm　125g～1.6kg　MG75%　C

　第二次世界大戦後、人々が豊かになりはじめた1950年代に、「探検家」という名前で商標登録されたトリプルクリーム。セーヌ＝エ＝マルヌの協同組合が、125g、250g、450gと、業務用で1.6kgの4つのサイズを生産しています。乳脂肪分75%で白カビの表皮を持ち、トリプルクリーム独特のクリームのような甘みがあります。アペリティフのお伴にトリュフとアレンジしたり、チョコレートソースと合わせてデザートにしたりできるチーズです。熟成4～6週間で市場に並びます。

Faisselle
フェセル

【山羊・牛／生】F　南西フランス地方
大きさまちまち　250～500g　MG45%　L・F

　フェセルと呼ばれる熟成させていないカードチーズには、古くから乳酸や植物の酵素やレンネットを使って水分量もさまざまなものが作られており、地方によって独特の作り方や呼び方があります。フェセルの多くは山羊乳製でしたが、現在は牛乳製のものも多く、カゼレット（Caserette）、セラック（Sérac）、ブロウス（P.52参照）などと呼ばれるものがあります。

　フロマージュ・ブラン（P.75参照）は型入れされていないカードチーズのことで、このようなゆるいチーズには、コルスのブロッチュ（P.49頁参照）、ドイツではクゥアルゲル（Quargel）、ベルギーではベチェ（Bechée）やマクェー（Maquée）と呼ばれているものがあります。北欧では古くから人々の命の糧としてスキール（Skyr）というヨーグルト状のチーズが食されてきましたし、また、バルカン半島の人々やポーランド、ロシアなど東欧の国々や、トルコやレバノンではカードチーズを料理に多用しています。

　牛乳を脱脂してから籠に入れたり木製の枠に入れたりして作ったものを、かつてはフロマージュ・ア・ラ・ピィ（Fromage à la Pie）と呼んで、残った脱脂乳と町へ運んで販売していました。

パリ6区のオーガニック市場で。

Filetta ／ A Filetta®
フィレタ／ア・フィレタ

【羊・山羊／生】L　コルス園オート＝コルス県（2B）
直径10cm　高さ3〜4cm　300〜350g　MG 45%　C

フィレタはコルスの言葉で羊歯のこと。表面の飾りは山で作られたチーズを羊歯に包んで運んでいたことの名残でしょうか。ダグリオ・イソラクシオ（Taglio-Isolaccio）協同組合は、ガレア公園の中に工房があります。大自然の中、地中海の風の中で放牧されるコルスの羊と山羊乳の豊潤さが旨みを生み出します。少し気孔があるやわらかいパートで、やさしい酸味とコクのある風味です。農家で3〜4週間ひっくり返しながら熟成させ、余分なカビが生えないように手入れしています。山羊乳のものはパックからトゥーサンまで（P.56註参照）。羊乳のものは、出産後の12月から6月頃まで。

Fondue ／ Fondus Fromages
フォンデュ／フォンデュ・フロマージュ

【牛・殺菌】フォンデュ　300〜400g　MG 45〜50%　I

1390年のある朝の早い時刻に、2人の男が居酒屋で少量のパンとワインを頼みました。この頃の労働者の食事*は、時には外食や立食で大急ぎで食べていたようです。この最小限の朝食は、数切れのパンをワインに浸して食べる「スープ」でした。しかしこの男たちはそれだけでは足りなかったと見え、少量のチーズを溶かしたものを追加しました。そしてこの熱々の溶かしたチーズに「スープ」を入れると、ナイフの先にパンを刺して熱いまま食べました（B.Laurioux）。これが多分フォンデュの原型といえるものでしょう。フォンデュ・フロマージュは、チーズを溶解したものを固めたもので、粉乳、バター、クリームや脱脂粉乳を加えたものもあり、香料を添加することも許されているチーズです。

　チーズを溶かして作ることからプロセスチーズをフォンデュと呼ぶように、チーズを溶かしてパンに付けて食べる料理をフォンデュと呼んでいます。現在は簡単なフォンデュ鍋を作るためのチーズがあり、グラタンなどにも応用できるものが市販されています。

*中世フランスでは、職人は概して朝食と間食を親方の家で食べ、夕食は自前だった。家で食べるか、パテ売りから購入したり、居酒屋で済ませたりしていた。

Fontainebleau
フォンテーヌブロー

【牛／生・殺菌】F　イル＝ド＝フランス圏セーヌ＝エ＝マルヌ県（77）
MG60～75%　L・I・フロマジュリーメゾン

　名前は、パリ郊外にあるかつての王の狩猟場フォンテーヌブローの森のイメージで付けられました。第二次世界大戦後に、ふわっとしたチーズが大流行した時期がありました。このクリームのようなチーズは、フレッシュなフルーツとともに、また、アイリッシュ・クリームやチョコレートソースなどをかけてデザートに、コーヒーや紅茶などに合わせて楽しみます。多くはフロマジュリーのオリジナルで、水分をきったフロマージュ・ブラン（P.75参照）に生クリーム（リキッド）を混ぜて泡立てて作ります。

Fouchtra
フォーシュトラ

【山羊・牛／生】PPNC　オーヴェルニュ＝ローヌ＝アルプ圏ピュイ＝ド＝ドーム県（63）、カンタル県（15）　直径30cm　高さ18cm　7～8kg　MG45～50%　F・A

　オーリヤックで作られるフォーシュトラは、山のチーズとしては小型ですが、味わい深いチーズで、山羊乳のものと牛乳のものがあります。牛乳製は、表皮が白や茶や黄みがかったカビで覆われ、中身は圧搾したチーズ独特の黄色の弾力のあるパートで、少し気孔も見られます。山羊乳製は、表皮がやや黄みがかってもいますが、全体的に白く、中身もシェーヴル独特のアイヴォリー色で気孔も少ないのが特徴です。表皮のイメージに反してねっとりとしたやわらかい中身です。ヘーゼルナッツのような香りとマカデミアナッツのような脂っぽさが山羊乳の香りとともに味わえます。

フォーシュトラ・ヴァッシュ

　表皮はどちらも特有のカーヴのカビと湿った土や毛糸のような香りがありますが、牛乳製はパートがよりしっかりと締まってナッティでマイルドな香りがあります。表皮に近い部分にはアンディーブやトレヴィスにあるような苦みがほんのり感じられますが、全体的には牛乳チーズ独特の旨みを持ち、長く後味が残るチーズです。

Fougerus®
フージュル

【牛／生】PM　イル＝ド＝フランス圏セーヌ＝エ＝マルヌ県（77）
直径 13 〜 14cm　高さ 4cm　500 〜 600 ｇ　MG45%　L

　クロミエに羊歯の葉を飾って評判を得たチーズは、トゥルナン・アン・ブリのフロマジュリー・ルゥゼール（Fromagerie Rouzaire）で作られています。かつては山羊乳製のフージェルも見られましたが、今は牛乳製のものしかありません。羊歯の飾りは、遠い昔に木の葉が毒性のないものとして食されていたり、チーズを運ぶ時に用いてきた人々の記憶なのでしょうか。私たちの暮しのなかにも、同じように失われつつありますが、魚の干物の籠には必ず檜の葉を敷いたり、生魚や惣菜などの食品を経木や葉蘭で包んだり、植物で包装する文化がありました。

　ブリの地のミルクの旨みをコクとともに味わいます。ここでは他にもフロマージュ・ド・ブリ（Fromage de Brie）やムラン（Melun）などを 3 世代にわたって生産しています。

Fourme d'Ambert A.O.P.
フルム・ダンベール

【牛／殺菌（P）】B　オーヴェルニュ＝ローヌ＝アルプ圏ロワール県（42）、
ピュイ＝ド＝ドーム県（63）全域。カンタル県（15）の一部
直径 12.5～14cm　高さ 17～21cm　1.9～2.5kg　MG50%～　L

『ガリア戦記』によれば、ピエール・シュル・オート（Pierre sur Haute）山で暮らすガリア人は、カエサルの遠征よりずっと前からチーズを好んで食べる民族だったそうです。オーヴェルニュが育んだフルムチーズの確かな記録としては、山の開拓が始まった10世紀に入山税として課せられ、修道士が本格的に開墾を始めた12世紀に、現在はリヴラドワ＝フォレ国立公園区域内のショルムにある教会の租税として納められたという記述が見つけられます。

個人農がこぞって酪農を始めるようになると、6月から10月までの間、女たちがオート＝ショウムに家畜を移動させてチーズやバター作りをするようになりました。そこには酪農家の集落・ジャス（juss）（P.95参照）が作られ、4頭から7頭の牛を飼う山小屋・ジャスリー（jusserie）が増えていきました。

多くは年に150日以上放牧されたモンベリアルド牛のミルクで作られています。30～35℃でレンネットを入れ凝乳を作り、そのやわらかいミルクの固まりを撹拌して細かくする際に、ペニシリウム・ロックフォルティを入れます。型入れし、20～22℃の部屋で2日間水分をきった後、型から出し、カビの繁殖を促すよう白チーズのパートに穴をあけ、手作業で塩付けしたら、8～10℃のカーヴで規定された17日間以上の熟成が始まります。凝乳を作ってから28日目に必ずソンドで状態をチェックする規定です。カーヴで何度もひっくり返し、手入れをしながら熟成させたものは、3ヵ月後にねっとりとして深いブルーのコクが出てきます。かつてフェルミエでは5～6ヵ月も熟成しているものもありました。今ではフェルミエ製はなく、レティエ製にその伝統の味が引き継がれています。

Fourme d'Ambert aux Coteaux du Layon
フルム・ダンベール・オー・コトー・デュ・レイヨン
【牛/殺菌】MG45%　フロマジュリーメゾン

　フルム・ダンベール（P.93参照）と甘口のアンジュー地方の白ワイン、コトー・デュ・レイヨンを合わせて壺に詰めたもので、フロマジュリーのオリジナル。このようにフロマジュリーがオリジナルのレシピでブルーチーズをポルト酒に漬け込んだり、レーズンを挟んだりしたブルーもいろいろ見られます。

Fourme d'Aurillac
フルム・ドーリヤック
【牛/生】B　オーヴェルニュ＝ローヌ＝アルプ圏カンタル県（15）
直径7cm　高さ16cm　2kg　MG45～50%　L

　フルム・ドーリヤックはフルム・ダンベール（P.93参照）と同じ製法で作られたミニ版で、オーリヤック製。近年は、四角で表皮に白カビをまとったブルーチーズのカレ・ドーリヤック（Carré d'Aurillac）が、オーヴェルニュの谷のレティエ・カンタリエンヌ（Laitier Cantalienes）で、フルム・ダンベールやカンタル（P.62参照）などオーヴェルニュを代表するチーズとともに生産されています。

Fourme de Montbrison　A.O.P.
フルム・ド・モンブリゾン
【牛/生】B　オーヴェルニュ＝ローヌ＝アルプ圏ロワール県（42）、ピュイ＝ド＝ドーム県（63）全域。カンタル県（15）の一部
直径11.5～14.5m　高さ17～21cm　2.1～2.7kg　MG 52%　F

　オーヴェルニュの兄弟ブルーチーズ、フルム・ダンベール（P.93参照）とフルム・ド・モンブリゾンは、2002年の法令で、それぞれのA.O.P.を獲得しました。「フルム」は「フロマージュ」の原形で、語源に近い言葉です。青カビのフルムは、オーヴェルニュに伝わる自然発生のブルーチーズのことも指すと考えられています。

《ジャスリーとジャス》

　ジャスリー（jusserie）は、夏の間にチーズやバター作りをするための、家畜の飼育スペースを併設した山小屋。ジャス（juss）は平均4〜7軒からなる酪農の小集落です。そこでは、一つの水源供給地から何軒かのジャスリー、肥料地、放牧地へ水を供給しています。この小さな流れはジャスリーの中も通っており、山小屋内部やカーヴの温度調節や、牛舎の排泄物を肥料地へ運ぶ役目もしていました。

　初雪の頃まで、女たちは山で放牧しながら、レース編みをしたり、薬草を摘んだりしていました。そしてそれは今でもこの土地の文化として残っています。ジャスリーで、女たちの手によって作り継がれてきた円筒形の小ぶりなチーズ、フルムはもともと熟成の間に表皮から入った青カビが自然発生するチーズだったように考えられます。なぜならフルム・ド・ピエール＝シュル＝オート（Fourme de Pierre-sur-Haute）は、昔ながらの製法で作られる大きさもまちまちのチーズで、中に青カビのあるものも見られたと伝えられるからです。

　フルム・ダンベール（P.93 参照）とフルム・ド・モンブリゾン（P.94 参照）はよく似ていますが、フルム・ダンベールはロックフォール（P.149 参照）のようなカビを持ち、表皮は白っぽい黄色です。一方、フルム・ド・モンブリゾンは、オレンジがかった黄色の表皮で、そのカビの状態はスティルトンのようです。スフレやクレープなど、さまざまな料理に活用されています。

Fourme de Rochefort-Montagne
フルム・ド・ロッシュフォール＝モンターニュ

【牛／生】PPNC　オーヴェルニュ＝ローヌ＝アルプ圏ピュイ＝ド＝ドーム県 (63)
直径 28 ～ 30cm　高さ 12cm　6 ～ 8kg　MG45%～　F

製法もカンタル（P.62 参照）と同様なことから、古くはカンタレット（Cantalette）、カンタロン（Cantalon）と呼ばれていたこのチーズは、同じように古くからあったのではないかと推定できます（P.Androuët）。現在は 12 軒のフェルミエ農家が伝統的な方法でこれを作り続けています。このチーズが作られるピュイ＝ド＝ドーム県のロッシュフォール＝モンターニュ一帯は、1200 種類もの草に覆われる緑濃き火山岩地帯です。そしてその緑の牧場の草を食んだ牛の生乳からフルム・ド・ロッシュフォール＝モンターニュは作られなくてはなりません。

凝乳を麻布を敷いたプレス機に移し、圧搾します。プレス機にかけた凝乳を大きなブロックにカットし、カットした凝乳をまた重ねてプレスして乳清を絞り出す作業を数回繰り返します。しっかりと圧搾された四角い白い凝乳の固まりを、レンガの 2 倍ほどの大きさに切り、挽き肉機のような機械でボロボロとした豆粒ほどの大きさにして、塩をしてから型に入れて圧搾します。このようにしてできた丸い白チーズを温度 8 ～ 12℃、湿度 90% のカーヴに運び、表面を手で拭き、不要なカビを取り除きながら 3 週間以上熟成させます。

若いものは、パートは薄黄色で弾力があり、やや酸味が強く爽やかなヨーグルトのような風味ですが、熟成が進んだものは次第に練乳のような香りになり、色も濃いミルク独特の黄色に変化して味わいも深まります。このチーズ独特の風味は熟成 6 週間を過ぎた頃から楽しめるでしょう。

ロッシュフォール＝モンターニュの風景。

プレスした凝乳をカットする。

さらに細かく豆粒状にカットする。

カーヴに入れる直前の白チーズ。

Fromagée
フロマジェエ

【牛・山羊／生】 サントル＝ヴァル・ド・ロワール圏アンドル県（36）、
イル＝ド＝フランス圏セーヌ＝エ＝マルヌ県（77）など　ポマード状やリキッド状　MG不定　F

　ベリー地方では、壺によく乳清を切ったシェーヴルとにんにくのみじん切りとハーブを入れ、白ワインを注いでから密封し、3～4週間発酵させた"フロマジェエ"と呼ばれるチーズが作られてきました。フロマジェエを薄くパンに塗り、薄切りしたエシャロットをのせる食べ方は、シェーヴル農家や家族経営のぶどう農家では一般的でした。

　昔ブリでは、乾燥熟成しすぎて茶色になったりしたものを壺に入れ、グラン・モランの谷で採れた白ワインに浸しました。そしてやわらかくなったものに、玉ねぎのみじん切りと胡椒を混ぜて塩をし、密封してから2ヵ月は寝かせていました。このきつい風味のチーズは、麦の刈り入れやぶどうの剪定の時に労働者が食べたものです。

　メーヌ地方では、フロマージュ・ブラン（P.75参照）に塩とエシャロットのみじん切りを混ぜ、オー・ド・ヴィーかシードル、またはマールを少し加えて練ったものを磁器の壺に入れたフロマジェエがクリスマスや祭事のおやつに出されていました。フロマジェエを料理の素材として使うこともあり、フライパンでスライスした玉ねぎを黄金色になるまで炒め、このフロマジェエとミルクを少し入れ、弱火でトロトロにしたものをパンに薄く塗ってタルティーヌも作っていました。

　他にも、ロックフォール（P.149参照）が生乳で作られていた頃は、細かく砕いたものにバターやクルミを加えてよく練ったものもフロマジェエと呼んでいたようです。

Fromage Fort
フロマージュ・フォール
【牛・山羊・牛+山羊／生】 フランス各地　ポマード状やリキッド状　MG 不定

　チーズを水で洗ったり、塩でこすったり、アルコールで洗ったりしてから壺などに寝かせて発酵させた保存方法は太古からあったと伝えられています。また、チーズを削ったり、刻んだり、つぶしたりしたものに、乳清や牛乳、野菜スープやオリーヴオイル、アルコール（オー・ド・ヴィーやワイン、シードルなど）を混ぜて発酵を進めたものも、長期保存させるために作られてきました。

　アルトワ地方で作られるフロマージュ・フォール・ド・ベチューヌ（Fromage Fort de Béthune）は、残ったマロワル（P.114参照）にパセリやエストラゴンを刻んだものを加えて塩、胡椒で味付けし、テリーヌ型の陶器に入れてビールを少し注ぎ、パートがなめらかになるまで発酵させたものです。他にもメッスでフロマージュ・アン・ポ（Fromage en Pot）と呼ばれていたものは、水分を充分にきった弾力のある凝乳を漉し、フヌイユの種を入れ、塩、胡椒をして壺に入れて密封し、何週間か熟成させたものです。

　同じようにサヴォアではトム（P.177参照）と白ワインで作るフロマージュ・フォール・サヴォヤード（Fromage Fort Savoyard）やシュヴロタン（P.70参照）で作る壺入りのチーズがありました。このような壺入りのチーズはフランス各地にあります*。ブリ・アン・ポ（Brie en Pot）は、ブリを塩水で洗ったり塩をして壺に入れて寝かせたものです。チーズの塩辛というような食べ物だったのでしょう。

ブルターニュ地方でミルクや凝乳を発酵させる時に使われていた壺。ブリ地方でも凝乳を壺に入れて発酵させていたことが確認されている。

＊"強いチーズ"には他にも、フロマージュ・フォール・ボジョレー（Fromage Fort Beaujolais）、フロマージュ・フォール・リヨネ（Lyonnais）や、フロマージュ・フォール・コルス（Corse）、フロマージュ・フォール・モン・ヴァントー（Mont Ventoux）、南東部のビュジェにフロマージュ・フォール・デュ・プティ・ビュジェ（Fromage Fort du Petit Bugey）がある。

Galette ／ Galette de la Chaise-Dieu
ガレット／ガレット・ド・ラ・シェーズ＝デュ

【山羊・山羊＋牛／生】PM　オーヴェルニュ＝ローヌ＝アルプ圏オート＝ロワール県 (43)
15×8cm　高さ2cm　250g　MG45%　F

　リヴラドワの山々とヴレィの間の1082 mの標高に、「神の椅子（ラ・シェーズ＝デュ）」という名前の村と古い教会があります。この村は、オート＝ロワール県とピュイ＝ド＝ドーム県の境界にあって、国立自然公園の緑に囲まれた場所です。ゴシック様式のサン・ロベール教会は、14世紀に、ローマ教皇クレメンス6世に依頼して建てられました。この教会は15世紀に"死の舞踏（La dance Macabre）"と呼ばれたフレスコ画が描かれていることで有名です。この絵はペストがヨーロッパを襲った時の衝撃を、後の年代の画家が現したものでした。それは、伝染病の猛威の前にはどのような身分や財産も「無」であり、為す術もなき死への恐怖が人を狂ったように踊り続けさせるという絵で、死の普遍性がテーマとなって表現されたものでした。

　古い歴史のある村で手作りされる山羊チーズは、長方形と丸いガレットが同じ250gで作られ、伝統の美味しさを伝えています。他にガレットという名のチーズは、パリ盆地の南にガレット・ド・ソローニュ（Galet de Sologne）があり、リヨネ地方にはガレット・デュ・リヨネ（Galette du Lyonnais）があります。また、ピレネーにはガレット・ド・ビゴル（Galet de Bigorre）があります。コルビエールで作られるガレット・デュ・ヴァル・ド・ダーニュ（Galette du Val de Dagne、直径25cm　高さ3cm　1kg　F）は羊乳のガレットで、表皮を洗って熟成させています。

Gaperon
ガプロン

【牛／生】PM　オーヴェルニュ＝ローヌ＝アルプ圏ピュイ＝ド＝ドーム県（63）
直径8～9cm　高さ8～9cm　250～350g　MG30～45%　A・L

　おそらく、オーヴェルニュ地方に残る一番古いチーズの一つだと思います。名前はこの地方の方言でバターミルク（クリームからバターを作った後に残った液体）を表す言葉"Gap（ガップ）"または"Gaspe（ガープ）"に由来しているといわれ、また、ガプロンはバターミルクから取った乳漿を表す言葉でした。昔このチーズが作られていたリマーニュ周辺の山の暮しは貧しく厳しいものでした。そこで人々はミルクをむだなく大切に使って日々の栄養源としていました。ガプロンは、脱脂乳から作ったチーズににんにくと胡椒で風味を付けたものでした。

　ガプロンにかかっているひもは、かつてこれを熟成させる時に、暖炉の脇に吊るすためにかけられたもの。そしてそれはチーズを、いぶりがっこを作る時のように燻すためばかりでなく、その家に食糧があることが一目でわかるようにアピールすることにもなっていたようです。かけたひもがゆるくなってきたら、それは熟成している目安でした。その他の熟成方法として、モミの板に湿ったライ麦を敷き、その上でゆっくり寝かせてパートをやわらかくする熟成もありました。今では酪農工場でも作られていますが、このチーズの名前は遠い昔の乳の歴史に関わりのあるものかもしれません。

Gasconnades
ガスコナード

【山羊／生】C　オクシタニー圏オート＝ガロンヌ県（31）
直径2cm　高さ1cm　5g　MG45%　F

　ガスコーニュ地方は、フランス革命の時には独立した州として存在していた地で、その中央にはブランデーを産するアルマニャックのぶどう畑が広がっています。フォワグラやワインなどを生産する美食の地としても知られています。

　色とりどりのシェーヴルは、食材の豊かなガスコーニュに因んで名付けられました。フレッシュな団子には、それぞれタイム、クミン、パプリカ、エルブ・ド・プロヴァンスなどがまぶされています。

Gros Lorrain
グロ・ロラン

【牛／生】L　グラン・テスト圏ヴォージュ県（88）
直径30cm　高さ8～10cm　5～6kg　MG 45%　F・L

　グロ・ロランは、フランク王国の王ルートヴィヒ１世（カロリング朝）の没後、843年に国が３分割された（これによって現ドイツ、フランス、イタリアにほぼ分かれた）頃に遡るチーズと伝えられます。フレッシュから若めの熟成で食べるもので、6kgまでの大きさのものがありました。かつてジェラルメール（Gérardmer、牛／生　直径11～20cm　高さ2.5～4cm　250g～1.5kg　F）というチーズを作る時、ヴォージュでは5kgの型に入れて凝乳の水分をきったものをグロ・ロランと呼んでいました。中世にジェラルメールと呼ばれたものは、後のオランダから入ってきたクミンで風味付けをしていたといわれています。

　現在のグロ・ロランは全乳製で表皮を洗って熟成しています。ヴォージュで代々チーズ熟成業を営むレ・フレール・マルシャン（Les Frères Marchand）が復活させたチーズは、ジェルヴァモンの工房で生産されています。

Grôu du Bâne
グロー・デュ・バーヌ

【山羊／生】C　プロヴァンス＝アルプ＝コート・ダジュール圏アルプ＝ド＝オート＝プロヴァンス県（04）　直径8cm　高さ4～5cm　200～250g　MG不定　F

　バノン（P.22参照）が作られるプロヴァンス地方のフレッシュチーズです。バノンと同じように作られ、凝乳の水分がきれたらすぐに市場に並べられます。表面にはサリエットやタイムなどのハーブがのっています。栗の葉で包まれたバノンは、フレッシュで出回ることはありませんが、田舎の市場などではバノンサイズのフレッシュを、昔からの呼び名のバノン・フレ（Banon Frais）で販売していることがあります。マルセイユ近郊でも作られています。熟成が進むとヘーゼルナッツのような香りが強くなり、旨みも濃くなるといわれる土地のシェーヴルです。

Gruyère I.G.P.
グリュイエール

【牛／生】PPC　オーヴェルニュ＝ローヌ圏アン県（01）、イゼール県（38）、サヴォワ県（73）、オート＝サヴォワ県（74）、ブルゴーニュ＝フランシュ＝コンテ圏コート＝ドール県（21）、オート＝ソーヌ県（70）、ソーヌ＝エ＝ロワール県（71）、グラン・テスト圏オート＝マルヌ県（52）、ヴォージュ県（88）　直径53〜63cm　高さ13〜16cm　MG47〜52%

　アボンダンス、タランテーズ、モンベリアルド、ボージェンヌ、シメンタル・フランセーズ種は、年間150日以上放牧されることが規定です。伝統の風味は、原料の生乳に由来しています。グリュイエールは、120日以上をフリュイティエ（Fruitier）(P.19註参照)と呼ばれる、13世紀からの山の共同体が管理するカーヴで熟成されてきました。コンテ(P.76参照)やボーフォール(P.24参照)など古くからグリュイエールの名称を名乗るチーズは、フリュイティエで生産量が管理されていたため、フリュイ・ド・ラ・モンターニュ（Fruit de la Montagne、山の果実）と呼ばれていました。

Jonchée
ジョンシェ

【羊・山羊・牛／生】F　ヌーヴェル＝アキテーヌ圏シャラント＝マリティーム県（17）　長さ27〜30cm　高さ約6cm　380〜400g　MG45%　A

　『パンタグリュエル物語』*では、主人公の家僕のパニジョルジュは、季節の風物詩として、フリスカード（清涼水）、ジョンシェ作り、藤棚作りがあると語っています。このフレッシュチーズは、ポワトー地方やジロンド川下流域、オレロン島などで作られてきました。今でも土地に自生する藺草で簀子を作って、その上にフレッシュチーズを置いて水戸納豆のように包んでいます。ジョンシェは、カイユボット（Caillebotte）と呼ばれることもあります。たぶん、カード（Caillé）を入れた束（Botte）という意味合いでしょう。

＊『パンタグリュエル物語（ガルガンチュアとパンタグリュエル物語）』：16世紀の医師・小説家のフランソワ・ラブレー（François Rabelais）によって執筆された風刺小説。糞尿譚から古典教養までを中世の巨人伝説（ガルガンチュア）を題材に書いた。

103

《藺草の簀子に包まれたフレッシュチーズ》

ジョンシェというフレッシュチーズはまぼろしのチーズでしたが、ある日すっかり諦めていたこのチーズの作り手がいるということを聞き、なんとしても味わってみたいと、西南部ロッシュフォールへ旅をしました。パリからTGVで3時間、Terに乗り換えてさらに1時間。ジョンシェの工房は、麦秋の畑に囲まれた一角にありました。

工房の中に入るとすでにミルクが温められていました。その日の牛乳の状態で、加熱の温度を調節し、凝乳酵素とアーモンドリキッドを入れます。古くはアザミの花から抽出して作った酵素で凝固させたチーズだったと語るエリック・ジョーナン（Eric Journan）は、1960年代から生乳でジョンシェだけを作るこの地方でただ1軒のアトリエ生産者です。絹漉し豆腐のようなジャンケットをルーシュで藺草（jonc）の簀子の上に2掬いずつ置き、ジャンケットを簀子の両端を合わせて包み込むと、端をそれぞれ輪ゴムで留めて水戸納豆のような形に仕上げます。藺草に包まれたジャンケットを次々と台の上に並べ、乳清をきった後で水に浸けて表面の組織をしっかりと固めます。通常ジョンシェは水に浸けたまま出荷され、店頭に並べられますが、この工房では水に浸けた後、できあがったジョンシェを氷で冷やしていました。

やわらかく、つるんとした喉越しのよさがあります。ブラン・マンジェのような食感と風味が爽やかで、デーツのジャムとフリュイ・ルージュのクーリで味見をしましたが、どちらも美味しくペロリといただいてしまいました。その食べっぷりを見ていた奥さんはキャラメルソースが自分の好みだと笑っていました。

初夏の昼下がりの冷たいデザートは後味もよく、きっと古くから人々に好まれたものだろうと『健康全書』*の挿絵のフレッシュチーズ売りの絵を思い浮かべていました。そして物売りの声があった昔はどんな節回しで「ジョンシェ〜、ジョンシェ〜」と呼んでいたのだろう、などと落語にある甘酒屋の小噺をふと想い出しながら、この国で3代ほど前まで貴族のマダムも作っていたという時代を憶いました。

私がこのチーズにこだわっていた訳は、もしかすると古い時代にはパリのマレやセーヌ川の河口など藺草の植生がある地方では、藺草で包まれたチーズが作られていたのではないかと考えたからでした。確証はありませんが、ラッピングフィルムのない時代にフレッシュなものを運ぶために生まれた藺草包みのチーズはジョンシェと呼ばれ、束にしたものをカイユボットという名で、ノルマンディーなどの地方でも作られていたかもしれないと推測していました。そして、かつて人々の暮しはもっとずっと自然に近いものであったろうと考えると、それはごく当り前のことでもあったと思えるのでした。エリックの作るジョンシェはMG38〜40%のアーモンド風味ですが、ナチュラルなものも作られてきました。山羊乳で作るジョンシェの美味しさは何にも代え難いが、伝統を守っていくために安価な牛乳製を作り続けているといいます。アトリエの側には池があり、周りを藺草が覆う景色が残っていました。

① ロッシュフォールの町並み。

② マルシェは19世紀からあるレンガ作りの建物。

③ 葦の群生する池の手前から見るジョンシェの工房。

④ 池の側のアザミ。

⑤ 契約農家から牛乳がヴィドンで運ばれている。

⑥ 共同作業でのチーズ作り。カードを藺草の簀子にのせて包む。

⑦ 藺草の簀子で巻く。

⑧ 端をゴムで締めていく。

⑨ できあがったジョンシェを水の入ったケースに入れる。

* 『健康全書（Tacuinum Sanitatis）』：イブン・ブトラーン（Ibn Butlan）著。11世紀のアラビア語の医学書をもとに記された養生訓。健康に役立つ食事や食物について書かれ、中世の半ば頃にラテン語に翻訳された。図版が多く、そのなかには藺草に包んだチーズを棒に吊るして売り歩く姿や、チーズ屋、チーズを作る人食べる人の図などがある。

105

Laguiole A.O.P.
ライオル

【牛／生】PPNC　オクシタニー圏アヴェロン県（12）、ロゼール県（48）、オーヴェルニュ＝ローヌ＝アルプ圏カンタル県（15）各県の一部（73の協同組合）
直径40cm　高さ30〜40cm　45〜50kg　MG45%〜　F・L・C

　マシフ・サントラル（中央山塊）の中心、オーヴェルニュ、ルエルグ地方にまたがるオーブラック高原や、ライオルの名前の由来とされるライオル村などで作られてきた大型チーズです。大プリニウスの『博物誌』で、ガバレ（Gabales）とジェヴォーダン（Gévaudan）のチーズがローマのものと比較され価値を認められた2000年近くも前の時代には、オーヴェルニュより北の地方でチーズが作られていたとされるような記録がないので、たぶんライオルは少なくともカンタル（P.62参照）と同世代かまたはもっと古いのではないかと考えられます。また、コルメラが『農業論』で「非加熱で軽く圧搾し表面に塩をするチーズは、海を渡っての輸出に耐えられる」と書いているのは、ライオルのことであるとも考えられます。

　生乳をジャンケットにして細かくカットした後、乳清をきります。集めたカードを麻布に包んで上から手で押した（プレス機にかけた）後、20時間発酵させます。その後カードを破砕し、塩に馴染ませてから型に入れ、ライオルマークを置いて圧搾します。このようにして、480ℓの牛乳から約45kgのライオルができます。

　20世紀初頭は、夏の牛の高山放牧中の142日間で700tの生産量を誇っていました。しかし、当時は295ヵ所あったというオーブラック高原のビュロン（buron）と呼ばれる山小屋も生産者・ビュロニエ（buronnier）も、1950年代にはその1％ほどになってしまいました。ビュロニエの減少は19世紀末に始まり、これを危惧した人々によって組合ができ、ライオル村がライオルの集散地となりましたが、ビュロニエの減少に歯止めがかからず、1939年には保護を目的とする組合に代わりましたが、1960年代には生産量は30tにまで落ち込んでいました。このライオルの危機に、アンドレ・ヴァラディエ（André Valadier）を中心に「山の青年協同組合」が結成され、レティエとなりました。そして生産力を高めるために、オーブラック牛の生乳だけではなくオランダ産ホルスタイン種を飼育し、混乳するなどしましたが目指す品質のものができませんでした。そこで、ピイ・ルージュ・ド・レスト種のミルクも使用して年間の搾乳量5000ℓ、タンパク質32％を目標に品質の向上を図ってきまし

た。近年はオーブラック牛と、交配したシメンタル牛の生乳で生産しています。1976年に原産地保護呼称を認められました。

　伝統的なライオルは、5月25日のトランジュマンス（移牧）から、カラサン・バルマンへ登ったオーブラック牛が季節とともにサン・ジェラードに下る10月15日までの間にビュロンで、オーブラック牛のミルクだけで作られたものでした。この牛は1日わずか3〜4ℓと搾乳量が少ないのですが、良質のため現在はこの牛種を増やす取組みをしています。

　ライオルはしっとりと重みのある、素朴で香りも爽やかで、後味も長く味わいの深いチーズです。

① オーブラック牛。

② 協同組合のカーヴ（120日以上の熟成が規定）。

③ ライオルの山小屋で現在も使われている古い圧搾機。

④ ライオルの山小屋で伝統のアリゴを作るビュロニエとアンドレ・ヴァラディエ。

⑤ ライオルマークの刻印が浮き彫りになっている。

107

L'Ami du Chambertin®
ラミ・デュ・シャンベルタン

【牛/生・殺菌】L ブルゴーニュ=フランシュ=コンテ圏コート=ドール県 (21)、ヨンヌ県 (89)、グラン・テスト圏オート=マルヌ県 (52) 各県の一部
直径9cm　高さ4〜5cm　250g　MG50%　l

シャティヨン=シュル=セーヌ (Châtillon-sur-Saine) はセーヌ川の上流ですが、ここにはケルトとケルト以前の歴史の跡が数多く遺されています。青銅器時代の巨大なクラテル（壺）が、ヴィクスの王女と呼ばれる女性の墓から発見されたことから、ローマの侵略以前の貿易が、南はイタリアやギリシャ、アドリア海にも及んでいたこと、そして琥珀や飾り玉などが発見されていることから、北はバルト海までの交易があったことがわかっています。

ローマ人によってワインの産地となったブルゴーニュのシャンベルタン村で作られています。エポワス (P.87参照) を真似てできたものといわれ、よく熟成したものの旨みが好まれています。

Langres A.O.P.
ラングル

【牛/殺菌 (P)】L グラン・テスト圏オート=マルヌ県 (52) の全域、ヴォージュ県 (88)、ブルゴーニュ=フランシュ=コンテ圏コート=ドール県 (21) の一部
大：直径16〜20cm　高さ5〜7cm　800g、小：直径7.5〜9cm　高さ4〜6cm　150g　MG50%　F・L　一般に出回っているのは小さなもののみ

ガリア人の後にローマに支配されたバッシニーは、ラングルの北部にあった土地で、古くから北ヨーロッパと西地中海を結ぶ交通の要所でした。ラングル地方は4つの貯水湖のある水に恵まれた土地で、先人が築いたオッピドゥム（砦）の跡をローマ人が要塞都市としたラングルは、中世には司教座の権力を背景に繁栄しました。現在も残る城壁の中に、古いカテドラルとガロ・ロマンの遺跡も見つけられます。

14世紀の書物に"パリの物売りの声"が書かれています。「メリトのいちじくだよ、最高だよ！　外国のぶどう、ぶどうだよ！　梨、梨！　赤いりんごはどうだい！　熟したやまぐみ、やまぐみ！　ミルクはいかが、ミルクはいかが！　シャンパーニュの美味しいチーズもあるよ！」(*B.Laurioux*) とありますので、新鮮な魚や野菜、外国の果物や乳製品が荷車に揺られて遠くから運ばれ、すでにこの頃、シャンパーニュのチーズがパリで評判を得ていたことがわかります。

土地の名前で呼ばれるチーズは、18世紀にこの土地のドミニク会の小修道院長が創った祈りの詩にその名前を表しています。かつての農家では、まだミルクが生温い状態のうちに"フロモット(Fromotte)"と呼ばれる陶器の型に注いでいました。水分をきった後、型から出したフレッシュチーズを編み籠に入れたり、瑞々しいプラタナスの葉の上に置いたりして、カーヴに運んでからは麦藁の上で熟成させました。

　ラングル高原に放牧された牛の全乳を、まずパストリゼ殺菌してから凝乳を作ります。熟成の間はロクー入りの塩水で表面を洗ってその顔を輝かせていきます。この小さなチーズにくぼみができるのは、15日間の熟成中に反転させないので、チーズ自体の重みで真ん中がへこんでいくためです。土地の人たちはシャンパーニュやマール酒と合わせ、強く引き合うもの同士の味の妙を楽しむといいます。熟成が進んだものは強い香りですが、若いものは比較的あっさりとして食べやすく、中身がパール色で、まったりとした旨みが溶けていきます。大きなサイズは少なくとも21日は熟成させます。よく熟したラングルをオーヴンで温め、マール酒を注いでフランベしたラングルのフランベ（Le Langres Flambé）は通好みの味といわれます。

Laruns
ラランス

【羊／生】PPSC　ヌーヴェル＝アキテーヌ圏ピレネー＝アトランティック県（64）全域、オクシタニー圏オート＝ピレネー県（65）の一部
直径18～28cm　高さ7～15cm　2～7kg　MG50%～　F・A・L

　ベアルン地方のラランス村の羊チーズは、伝統的には山小屋で作る羊飼いのチーズで、オッソー＝イラティ（P.128参照）と同様に作られ、土地の羊のチーズ、アルディ＝ガスナ（P.21参照）と呼ばれるものの一つです。かつては、土地の名のチーズの作り手がたくさんいましたが、ほとんどがオッソー＝イラティを作るレティエや羊乳農家に集約されてきているようです。今でも羊をトランジュマンス（移牧）に送る街の広場では、秋ごとにアーティザナルチーズの大市が開かれています。

Lavort® / Tomme de l'Iséran
ラヴォール／トム・ド・リゼロン

【羊／生】PPNC　オーヴェルニュ＝ローヌ＝アルプ圏ピュイ＝ド＝ドーム県（63）
直径16cm　高さ12cm　1.8〜2kg　MG45％　L

　1988年から作られはじめた新しいチーズで、三つ星のシェフがこれを賞賛したことで知られるようになりました。1989年にはわずか1〜2tだった生産量も、10年で25t近くなり、今では30tの生産を見込んでいます。中央に穴のあいた火山の噴火口のような形が特徴で、中身は象牙色で気孔があります。熟成が進んだチーズはカビに覆われてしまっていますが、このチーズの型には模様が刻んであって、白チーズはとてもロマンチックな顔をしています。形に驚かされ、そしてその味に魅了されるというラヴォールは、原料乳をロックフォール（P.149参照）と同じランクのものにこだわっています。

　熟成カーヴは、オーヴェルニュの水郷ヴィシーから車で30分ほどの、古くは村の貯水池だった場所にあります。湿度90〜98％のカーヴがチーズにグレーのフェルトのようなカビを呼び、次第に赤や黄色や白いカビの化粧をその顔に施して旨みを閉じ込めていきます。

型入れ。

次第に赤や黄色のカビが生まれる。

フュメゾン（Fumaison、燻製チーズ）も生産。ソーセージのように吊るして熟成させる。

Lisieux
リジュー

【牛／生】L　ノルマンディー圏カルヴァドス県（14）
直径4.5cm　高さ4〜4.5cm　重さ125ｇ　MG約40%〜　A

　カエサルが『ガリア戦記』に要塞があると記したように、200haの町カステリエールは、現在のリジューの南西3kmの場所にありました。ローマ人の要塞は現在までその威光を建造物に遺しており、大浴場の遺跡や、そこで発掘されたミューズのフレスコ画などが、遠い時代の繁栄を物語っています。しかし後には、ヴァイキングによって荒らされ、100年戦争の時代はイングランドに占領されていました。

　リジューでは古くからポン＝レヴェック（P.138参照）のように洗って熟成させるチーズが作られてきました。肥沃な土地で飼育される牛のミルクから生まれる旨みのあるチーズです。

Livarot A.O.P.
リヴァロ

【牛／生・殺菌】L　ノルマンディー圏カルヴァドス県（14）、オルヌ県（61）、ウール県（27）
直径 10～12cm　高さ 4～5cm　350～500gなど　MG40%～　F・L・I

　オルヌ県のヴィムティエには12世紀から市場があり、そこでリヴァロは売られていました。13世紀には有名になってギヨームの小説『薔薇物語』にも登場するチーズとなりました。ノルマンディーの「労働者の肉」といわれ、1870年代は年間450万個も食べられていましたが、次第にその勢いをなくすとともに、熟成も若めのものが圧倒的に支持されるようになりました。

　古いぬか漬けのような、魚醤のような独特の香りがする表皮ですが、熟成の若いものは、"素甘"のような食感で、弾力のあるチーズです。熟したものは表面がヌメヌメと光ってきて、納豆やくさやのような匂いと独特のジビエの猪肉のような凄（すご）みがあって、そのコクは次第に深くなり、とろけて後味にしつこさが出てきます。側面には形崩れを防ぐために、5本のレーシュ（葦の一種）の葉が巻かれました。現在は、オレンジやグリーンの紙テープのものもありますが、これが陸軍大佐の軍服の袖口のようなので、コロネル（Colonel）とも呼ばれています。現在はリヴァロだけを作るフェルミエはわずかとなり、3軒のレティエと工場で生産されています。

　リヴァロの凝乳は、カットした後こねて脱水しやすくします。この時水分を出しやすくするために、加熱したり圧搾したりすることは禁じられています。3週間は必ず土地のカーヴで熟成させ、週3回は水またはソミュール液で表面を洗い、やや赤みがかってきた頃に3～5本の藺草を側面に巻きます。A.O.P.に認められた4つのサイズに、①グラン・リヴァロ（Grand Livarot、直径19～21cm 1.2～1.5kg　熟成35日以上）、②リヴァロ（Livarot、直径12～12.8cm　450～500g　熟成21日以上）、③トロワ・キャール・リヴァロ（3/4 Livarot、直径10.7～11.5cm　330～350g　熟成21日以上）、④プティ・リヴァロ（Petit Livarot、直径8～9.4cm　200～270g　熟成21日以上）があります＊。

小屋で乾燥させたレーシュを細く切り揃え、チーズの側面に巻く。

＊2017年までのA.O.P.の規定では、原料にノルマンド種の牛乳を80%以上使用して生産することが定められている。また、450～500gのものは、必ずレーシュで側面を巻くことも規定されている。

Mâconnais A.O.P.
マコネ

【山羊／生】C ブルゴーニュ＝フランシュ＝コンテ圏ソーヌ＝エ＝ロワール県（71）、オーヴェルニュ＝ローヌ＝アルプ圏ローヌ県（69） 直径（底）4.5cm 高さ3.5cm 50～65g MG45%～ F・A

コート・ドールによく似た地勢で、ローマ人がぶどう作りをケルト人に広めたと伝えられるマコンで作られてきたシェーヴルで、シュヴルトン・ド・マコン（Chevreton de Mâcon）とも呼ばれていました。フェルミエによっては牛乳と半々で"ミ＝シェーヴル（mi-chèvre）"に作られることもありました。小農家のおかみさんの手仕事で作られてきたチーズで、フレッシュでも食べられています。21日の熟成のものをミ＝フレ（mi-frais）、ミ＝セック（mi-sec）と呼び、45日を過ぎた山羊のコクのあるものはアフィネ（affiné）と呼ばれます。若い熟成のものは、ワインの品評をする際の口直しとして供されていました。やさしい旨みを味わいます。A.O.P.では10日以上の熟成が定められ、セックのものも30g以下にならないようにという規定が設けられています。

113

Maroilles / Marolles A.O.P.
マロワル／マロル

【牛／生・殺菌（P）】L　オー＝ド＝フランス圏エーヌ県（02）、
ノール県（59）両県の一部
12.5～13cm角　高さ6cm　360g*　MG45～50％　A・L・I

　フランス北東部、ベルギーとの国境周辺で作られる、強い風味が好まれるチーズでした。古い記録によれば、671年にマロワル村のベネディクト派のマロワル修道院の僧によって作られたといわれるチーズです。960年頃には「マロワルの傑作（merveille de Maroilles）」と人々が称したほど名声を博していました。クラックニョン（Craquegnon）とも呼ばれ、十分の一税の証文として1010年の修道院の書付があります。12世紀半ばになると、6月24日の古サン＝ジャン・バティスト（Saint-Jean Baptiste）に生産された土地のミルクのすべてをチーズにして、10月1日にマロワル修道院で行なわれるサン＝レミ（Saint-Rémy）の大祭に備えました。そしてこの頃に作られたものは、製法も現代のものとほとんど同じだったといわれています。古くからパ＝ド＝カレで、ヴュー＝グリ＝ド＝リール（P.184参照）と呼ばれたチーズは、マロワルの長期熟成の別称と考えられています。

　凝乳を四角い型に入れ、その日のうちに何度もひっくり返して水きりします。翌朝型から出したマロワルを、ソミュール液に丸1日漬け、その後白い生地を2日間乾かします。そうすると、その間にきれいな淡いブルーのカビが全体に生えてきます。これを薄い塩水で拭き取り、カビを取り除きます。この作業をデブルイー（débleuir）と呼び、このカビをきれいに取った後にティエラシュ地方独特の豊壌な地質の熟成庫で、自然に薄黄色の化粧をします。この状態をブロンダン（blondin）と呼び、ここからが本熟成の始まりです。このカーヴに35日間置き、その間マロワルは毎週ひっくり返され塩水で磨かれて、風味を深めます。土地の人はコクのある強いビールまたはジンやコーヒーにも合わせます。

＊A.O.P.のマロワルにはこの他に3種類の大きさのものが認められている。
ソルベ（Sorbais）：12～12.5cm角　高さ4cm　270g
ミニョン（Mignon）：11～11.5cm角　高さ3cm　180g
キャール（Quart）：8～8.5cm角　高さ3cm　90g

Mimolette Française ／ Boule de Lille
ミモレット・フランセーズ／ブール・ド・リール
【牛／殺菌】PPNC　オー＝ド＝フランス圏
直径 18〜20cm　高さ15cm　2.5〜4kg　45%　L・I

オリジンはオランダのエダム（Edam）で、かつてはコミッシー・カース（Commissie Kaas）と呼ばれていたものです。ミモレットはチーズに付くダニのおかげでおいしくなります。ドイツにもダニによって熟成するチーズがあるように、古くからチーズダニが長期熟成のチーズの風味によく影響することを人々は知っていたと思われます。それはチーズダニがチーズの美味しさを作るということを 1643 年にサンタマン（Saint-Amand）が書いていることにも確かめられます（A.Dalby）。

フランスで生産されるミモレット・フランセーズは近年のもので、第一次世界大戦前は生産されていませんでした。ミモレットの名前は、mi（半分）、mollet（やわらかい）という熟成が進んだこのチーズの特徴からで、シャルル・ド・ゴール元大統領が幼少時代から好んだチーズといわれています。

Moelleux du Revard
モエルー・デュ・ルヴァール
【牛／生】L　オーヴェルニュ＝ローヌ＝アルプ圏サヴォワ県（73）
大：直径22cm　高さ8cm　1.5kg　小：直径10cm　高さ6cm　450g　MG27%　L

ヴォージュ山脈とルヴァール山を背景としたブルジュ湖畔の町、エクス＝レ＝バンで作られているチーズです。エクス＝レ＝バンという地名の記録は 18 世紀までありませんが、ローマ人に支配される紀元前 50 年よりも前の紀元前 200 年頃までは、この地はケルトのアロブロゲス族の活動の中心地だったといわれています。ローマの浴場の跡が遺るこの町は、ブルゴーニュ王ロドルフ 3 世の妻エルマンギャルド（Ermengarde）がこの地の支配を委ねられた 1011 年の記録では、ケルト人の言葉で水を表す「アクアエ」と表わされた水の豊かな都でした。

モエルー・デュ・ルヴァールは、かつての人々がバターを作った後のミルクで作ってきたのと同じ方法で作られています。2006 年創業のアーティザナルの工房は、2008 年にレティエとなり、エピセアがほんのり香るクリーミーなチーズを作り続けています。

|115

Mont-d'Or ／ Vacherin du Haut-Doubs A.O.P.
モン＝ドール／ ヴァシュラン・デュ・オー＝ドゥー

【牛／生・殺菌】L　ブルゴーニュ＝フランシュ＝コンテ圏ドゥー県（25）、ジュラ県（39）
直径 11 〜 33cm　高さ 6 〜 7cm　480g・1kg・1.8kg・3.2kg　MG45%〜　L・At

　スイスとの国境近くの高地ジュラ、ドゥー県では、15世紀にはすでにチーズは作られていたといわれています。1740年から50年代に、モン＝ドールの原型であろうと思われるチーズがあったとされ、18世紀の後半にはミニヨヴィラールのチーズ生産目録にモン＝ドールの名前で管理されていました。また、ポンタルリエからシャンパニョルの間の地や、ヌシャテル湖にも近いレゾピトー＝ヌフ、ジューニュ、メタビーフなどでも、モン＝ドールが作られていましたので、フランスはヴァシュラン・デュ・オー＝ドゥーとモン＝ドールの名でも呼称登録をしました（P.Androuët）。

　標高700mの牧場に16のアトリエがあり、伝統的に夏のミルクでコンテ（P.76参照）が作られ、秋に山から牛の群れを牧場に連れ帰ったときのみ作られてきました。一般には18世紀頃から知られるようになりました。製造は8月15日から3月15日までという規定があります。

　モン＝ドールはデリケートなチーズです。搾乳後24時間以内にアトリエに運ばれた全乳でジャンケットを作ります。型入れした凝乳を脱水した後、エピセアの樹を削って厚い経木のリボンのようにしたものを、輪っぱのようにして白チーズの側面に巻きます。塩付けが終わると、温度15℃以下、湿度92%以下のカーヴに運び、エピセアの棚板の上に置いて、その表皮を洗いながら3週間エピセアの枠の中で熟成させます。そして、それを枠に入れたまま新しい箱に入れて出荷したチーズは、朝の空気が凛と冴えわたる秋のマルシェに並びます*。その、とろけるクリーミーな舌触り、まろやかで木の実のコクを思わせる味わいとほんのりとある木の香を楽しむチーズです。

　クリスマスのデザートやプラトーに季節の幸を飾ります。にんにくとワインを入れ、パン粉をふってオーヴンで熱々にしたフォン・ドール（Fond d'Or）も旬のご馳走です。

＊市場へは熟成3週間を待って、9月10日から5月10日まで並べることが許されている。

Montrachet
モンラッシェ

【山羊／生】C　ブルゴーニュ＝フランシュ＝コンテ圏ソーヌ＝エ＝ロワール県（71）
直径5〜6cm　高さ10cm　200g　MG45%　A

　ベネディクト会のクリュニー修道院（Abbaye Saint-Pierre-et-Saint-Paul de Cluny）は、アキテーヌ侯ギヨームによって、910年にブルゴーニュのサン＝ジャングー＝ル＝ナシオナルに建てられました。ロマネスク教会のあった村は新しい教会の町となり、交通の要所として繁栄し、12世紀には第三のベネディクト会修道院を増築してヨーロッパ最大の教会組織となって発展していきました。しかし、フランス革命後に修道院は破壊され、現在は往時の一部を町の中に遺しています。

　ブルゴーニュのワインで有名なモンラッシェを名乗る山羊チーズは、静かに歴史を物語る古い修道院のある町で作られるアーティザナルです。栗の葉で胴体を巻いたチーズは、ミルクの爽やかな旨みを味わいます。

《ベネディクト会が定めた食》

　ベネディクトゥス会則は、定められた当初は食事の回数や内容、料理などに厳しく節制が行なわれ、修道士の食事は1日2回が普通でした。そして原則として肉食をしないことが決められていました。彼らの基本食はレフェクテオといわれるもので、2種類の異なるピュレまたはポタージュでした。ピュレは豆類でポタージュは野菜から作られました。そして時にはこれにもう一皿の果物や生野菜が加わることもありました。春や夏の間にとる三度目の食事は、午後から日没まで働いた後で、正餐の残りと、パンか粥さらに卵や乳製品など力をつけるものと果物を食べていました。この普段の食事は秋の断食の週間になると1食となり、四旬節の40日間はさらに厳格な節制を強いられ、肉や魚はもちろんラードを油脂 *1 として野菜調理に使うことも禁止されていたほどでした。

　しかしこのような厳格な規則は長くは続かず、肉食の禁止も体のよい理由をつけて次第に緩んでいきました。例えばそれは、4つ足の動物は禁じているが鳥は禁じていない、海にいる鳥は魚と考える、などというものでした。ドイツでは古くからビーバーを食す習慣があり、修道院ではビーバーの尻尾の身を川魚と称して食していました。また、ベネディクトゥスも、病人などにはこっそりと食することを条件に肉食を認めていました。

　13世紀にシャルトルにあった修道院併設のハンセン病療養所では、節制の日（四旬節と待降節）にも魚を食することが許され、チーズや卵を食べてもよい祝日の前日 *2 と普段の食事が繰り返されていました。また、1289年には「旅に出ているものや必要な仕事をしなければならない者は、すべてを病人や体の弱いものとみなして断食の日も食事をとってよい」という司祭の勧告を受けることがロデス（南仏）で許されました。修道院では、こっそりと食べる医務室での肉食が慈悲として認められるようになるにつれ、健康な修道士が医務室に肉を食べに通うようになりました。そうして1335年には、年に150日の肉食日が認められました。その代わり、金曜は肉を食さない精進日とすることが徹底されていったのです。一方、祝祭日には追加の食事が許されるようになり、修道士にチーズやベーコンや卵などが配られるようになると、規則もどんどん緩んでいき、次第に贅沢な食を楽しむようにまでなっていったようです。

*1　フランスやドイツなどで動物性の脂肪に代わってオリーヴオイルが一般的に使われるようになるのは16世紀になってからで、それまではラードなどを食し、料理にも使用していた。

*2　チーズや卵を食べてよい祝前日：「チーズと卵を食べてもよいかどうか」には様々な解釈がなされたようで、教会は後にこれも禁止するようになるが、多くは各国の慣習に従っていたとされる。

Mont Ventoux
モン・ヴァントー

【山羊／生】C　プロヴァンス＝アルプ＝コート＝ダジュール圏ヴァール県（83）
直径5～6cm　高さ8cm　150g　MG不定　F・L

　モン・ヴァントーは、"プロヴァンスの巨人"の異名を持つ山です。ミストラルが吹き荒れることでも知られ、その山頂部にはむき出しの石灰岩だけの荒涼とした景色が広がっています。そのため温度が低く、北緯78度にあるスピッツベルゲン島（スカンジナヴィア半島北）の動植物が見られます。昆虫学者アンリ・ファーブルは、自らを"モン・ヴァントーの生き字引"と呼ぶほどに、この山に惚れ込んでいました。

　このチーズは、頂の白さと巨人の異名を持つ山のイメージで作られました。下部には灰やエルブ・ド・プロヴァンスをまぶします。ローヴ種乳のシェーヴルは、フレッシュなものは爽やかな味のよさ、そして3～4週間の熟成で、そのハーバルな味わいとコクが広がります。カヴォエやマローセーヌ、アントルショーなどの村の人々は、このヴァントー周辺で作られるシェーヴルやミ・シェーヴルのチーズをつぶして、保存食カチャ（Cachat）を作って冬に備えました。この壺入りのチーズはフロマージュ・フォール・モン・ヴァントー（Fromage Fort Mont Ventoux）と呼ばれました。

《アンリ・ファーブル　膝の上の記憶》

　モン・ヴァントーを愛したアンリ・ファーブルは、56歳の時に南仏のオランジュから7kmほどの村に、1haの庭のある小さな家を買っています。そしてこの年から『昆虫記』の刊行が始まりました。ファーブルは亡くなる83歳までの間に、3年に1冊のペースで執筆し、10巻の著作を遺しています。第6巻では、幼い日に祖父母の家に預けられた時のことを書いていて、そこにチーズが登場していますので、その部分を紹介したいと思います。ここには私たちが忘れてしまった、つい40〜50年前には日本のどの田舎にもあったような、自然と生きる農家の質素な暮しが描かれています。それは厳しい日々の勤労による疲れが、家族との絆となる食事や会話で癒されていく様子です。

　おでんの鍋を囲んで、湯気の向こうに見えるおばあさんが、大根、こんにゃく、ちくわ、卵やコンブを手際よく入れた後に、おつゆもたっぷりに盛り分けてくれる食卓。特別なことはしていないけれども大切な時間が過ぎてゆく和やかな夕食。家族団らんのひと時。私たちの子供の頃の家庭にも「いつも通りの癒しの時間」というものがあったことを憶い出すのではないでしょうか。たぶんこの場面は、週末の夕食だったのではないかと想像できますが、食後のチーズが出てきた時の一家の喜びが伝わってくるようです。

「特に私は冬の夜の祖母のことを思い出す。冬は家族がくつろいでおしゃべりするのに適した季節である。（略）

　すると祖母の出番だ。胴のふくらんだ鍋が暖炉の上でぐつぐつと煮えたぎっており、蕪とベーコンの美味しそうな匂いが漂っている。祖母は錫のメッキをした鉄の杓子で私たちめいめいの鉢に、先ずパンが浸る位の汁を注いでくれ、それから山盛りに、蕪と、脂身、赤身半々のハムの塊をよそってくれるのだった。

　テーブルの反対側には水差しが置いてあって、喉の乾いた者は好きなだけ飲んでよかった。
　ああ！　みんななんとよく食べたことか。なんと楽しい食事だったことか。特に自家製の白いチーズが食事の後に出されたときは、大喜びだった。（略）
　みんなが鉢の中をきれいに食べ、テーブルの上のチーズのかけらまで拾い終わると、祖母は暖炉のそばの、肘かけも背もたれもない椅子に座って、また糸紬の棒を取り上げるのであった。
　私たち子供は、男の子も女の子も祖母のまわりにしゃがみこんで、楽しげにパチパチ燃えるエニシダの火に手をかざし、一所懸命彼女のお話を聞くのであった。
　祖母のお話はたしかに、いつもほとんど同じなのだけれど、それでも不思議と驚異に満ちていて、みんな聞きたくてたまらない。と言うのはオオカミがよく登場するからであった。（略）
　松脂のかけらの灯が燃え尽きる直前の赤い火を投げかけるころ、皆は一日の労働が与える、あの甘いとろりとした眠気に誘われて寝にいった。家中で私は一番幼かったので、袋にカラスムギのからを詰めた布団で寝ても良かった。他の子たちは藁の中に滑り込んで寝るのであった。

　懐かしいお祖母さん、ほんとうにあなたのおかげです。私が味わった初めての悲しみを慰めてもらったのは、あなたのお膝の上で、でした。あなたは私に、たぶん、丈夫な体質を少しと、仕事好きの性質とを少し残して下さったのでしょう。しかしたしかに、私の昆虫への熱情とは、お祖父さん同様、あなたも何の関係もないでしょう」(第6巻3章) *

＊『ファーブル昆虫記＜6＞』奥本大三郎訳（集英社）、『完訳 ファーブル昆虫記＜6＞』山田吉彦・林 達夫訳（岩波書店）から引用。

Morbier A.O.P.
モルビエ

【牛／生・殺菌】PPSC ブルゴーニュ＝フランシュ＝コンテ圏ジュラ県 (39)、ドゥー県 (25)
直径 30 ～ 40cm　高さ 5 ～ 8cm　8 ～ 10kg　MG45%　A・F・L・C

　1799 年に、ドロス（Droz）がジャガイモの食用に尽力したパルマンティエ（Parmentier）に宛てた手紙＊の中で、ドゥー県とジュラ県で作られている"少しブルーの縞が入ったチーズ"として登場します。またドロスはこのチーズについて、作り方はグリュイエール（P.103参照）と同じだが、パートはよりリッチで、穴もグリュイエールより小さいと説明しています。このチーズが確かにモルビエだとすれば、パルマンティエにブルーの縞と書いたものの正体はきっとグレーになった煤だったのでしょう。

　余ったカードに虫がつかないように、鍋の底に付いた油煙を削り取ってその表面にまぶし、次の日のカードを上に重ねたので、真ん中に煤のラインが入ったチーズができました。この自家用のモルビエというチーズがいつから作られはじめたかということはモルビエの谷の人々にもわからないようですが、1859 年には協同組合・フリュイティエ（fruitier）(P.19 註参照) で作られていたようで、モルビエの谷とサン＝クロードで製造されていた記録が残っています。

　モンベリアルド種とシメンタル種の牛乳は、1 日 2 回分の搾乳まで混ぜることが認められています。ジャンケットはカットしながら 40℃まで温めます。この時、鍋の温度が 45℃を越えてはならない規定です。

　カードを半分にカットし、麻布を敷いた丸い型に入れ、かつての煤の代わりの食品添加物をふりかけ、それから残りのカードの半分を重ねます。この後、カゼインマークを付け、塩をしてから 24 時間圧搾します。型から出された白チーズは 7 ～ 15℃の土地のカーヴで 45 日間熟成させます。このミルキーでやさしいチーズは、26 のフリュイティエと 13 のアーティザナル、2 軒のフェルミエで生産されています。

＊ドロスがパルマンティエに宛てた手紙：『アルプスの酪農協同組合の経済の記録（Economie Laitière et Alpenstre）』という出版物で、ポンタルリエの町の歴史の項にドゥー県とジュラ県のチーズの製法が記されているが、それはドロス（François Nicolas Eugène Droz）がパルマンティエ（Antoine-Augustin Parmentier）に宛てた手紙という形で記載されている。

Mothais／Mothais à la Feuille
モテ／モテ・ア・ラ・フィユ

【山羊／生】C　ヌーヴェル＝アキテーヌ圏ドゥー＝セーヴル県（79）
直径13cm　高さ2.5～3cm　350ｇ　MG45％　L

　小規模農家が作ってきた土地の伝統のモテを、ドゥー＝セーヴル県のラ・モット＝サン＝テレの協同組合が栗の葉の上にのせたモテとして商品化しました。

　山羊チーズはフェルメント・ラクティーク（ferment lactique）発酵という伝統的な方法で凝固させてきました＊。それはミルクを乳酸で自然発酵させてジャンケットを作る製法です。フェルミエ製には、今でもレンネットを用いずにこの製法で作り続けるシェーヴルがあります。型から出して塩をされたモテは、風通しのよい乾燥したカーヴに置かれ、6～8週間熟成させます。その間、週1回はひっくり返されます。若いモテは身もやわらかく皮もソフトで少しべとつきもありますが、酸味も爽やかでバランスのよいおいしさ。セックになったものはヘーゼルナッツの風味とコクがあります。

＊現在は凝乳酵素も使用して製造している。

Munster ／ Munster-Géromé A.O.P.
マンステル／マンステル＝ジェロメ

【牛／生・殺菌】L　グラン・テスト圏バ＝ラン県 (67)、オー＝ラン県 (68)、ヴォージュ県 (88) 各県のほぼ全域。ムルト＝エ＝モーゼル県 (54)、モーゼル県 (57)、ブルゴーニュ＝フランシュ＝コンテ圏オート＝ソーヌ県 (70)、テリトワール・ド・ベルフォール県 (90) 各県の一部
① 直径 7.5～8cm、10～11cm　高さ 4cm　120～270g
② 直径 14.5～15.5cm、16.5～19cm　高さ 4cm　450g～1kg
③ 直径 16.5～19cm　高さ 7cm　1～1.5kg　MG45%～　F・L・l

　今日は失われてしまいましたが、7世紀にオー＝ラン地方には、サン・コロンバン (Saint-Colomban) によって建てられたベネディクト会の修道院がありました。おそらくマンステルのルーツは、そこに遡ることができると思われます。855年の記録によれば、マンステルは今よりも倍くらい大きなチーズだったことがわかっています。人々は厳しい冬の間これを保存食として暮らしてきました。そして13世紀に入るとこのチーズは次第に広く知られるようになっていきます。

　ヴォージュ山脈の東側のアルザス地方と西側のロレーヌ地方は古くから往来があり、この2つの地域では同じチーズが作られていましたが、その呼び名は異なり、アルザス側ではマンステル、ロレーヌ公の領地だったオート＝ショームではジェラルメの地名が訛ってジェロメと呼ばれていました。そこでその2つの名前で1969年に原産地呼称統制 (A.O.C.) が認可されました。

　地域の代表的な牛、ヴォージェンヌ種*のミルクも使われますが、数が少ないうえに1頭から得られる搾乳量も少ないので、多くはシメンタル種のミルクを用いています。フェルミエではカットした凝乳を、伝統的なパソワールという穴のある平たいチーズすくいで型に入れ、ゆっくり水きりします。そして型から出した後、表面に粗塩をこすり付けてから熟成させます。表皮のなめらかな輝きは、塩水に浸けられたり磨かれたりして出てきます。その顔が黄色から赤みがかった特徴的な橙色の輝きを見せるのは、リネンス菌の繁殖が進んでいくためです。このチーズは、必ず指定された地域で、温度11～15℃、湿度95～96%で管理し、その間2～3日ごとに塩水でフロタージュしなければなりません。小さなサイズのプティ＝マンステル (Petit-Munster) は14日の熟成で、マンステルとマンステル＝ジェロメは、製造から21日を土地のカーヴで数えることになっています。表皮が赤みがかった黄金色に輝いてきたら食べ頃で、まったりとした濃いウォッシュの旨みがあります。

＊ヴォージェンヌ (Vosgenne) 種：18世紀にスカンジナヴィアから輸入された品種で、環境適応能力があり頑健。ミルクはタンパク質の含有量が多く、濃い牛乳を生産する。

Murol ／ Le Grand Murols ／ Trou du Murol ／ Murolait
ミュロル／ル・グラン・ミュロル／
トルゥー・デュ・ミュロル／ミュロレ

【牛／殺菌】PPNC　オーヴェルニュ＝ローヌ＝アルプ圏ピュイ＝ド＝ドーム県（03）
ミュロル：直径12cm（穴の直径3cm）　高さ3.5〜4.5cm　450〜500ｇ
ミュロレ：直径3cm　高さ3.5〜4.5cm　50ｇ　MG45%　L・I

ミュロル

　ミュロルは標高600ｍの村の名前で、村は円筒形のミュロル城があることでも有名です。このチーズは、サンネクテール村の入口のベスという土地で誕生しました。ミュロルは、クレルモン＝フェランで、サン＝ネクテール（P.160参照）を熟成していたジュール・ベリオー（Jules Berrioux）が、工場製のチーズとして2つの世界大戦の間に作り始めました。ミュロルの真ん中に開けられた穴の部分は、ビニルコーティングされ、トルゥー・デュ・ミュロル（ミュロルの穴）またはミュロレの名で販売されています。

トルゥー・デュ・ミュロル

若めの熟成。

Neufchâtel A.O.P.
ヌシャテル

【牛／生・殺菌】PM　ノルマンディー圏セーヌ＝エ＝マリティーム県（76）全域、オー＝ド＝フランス圏オワーズ県（60）の一部
ハート形：縦10cm　横8.5cm　高さ3.2cm　200g〜　MG45％ F・A・L

　ヌシャテルの存在は、北ノルマンディーのブレイ地域で11世紀の初めの公式記録に認められるといわれます。現在の名前はブレイの町、ヌシャテルから付けられたもので、それ以前は簡単にチーズという意味の"フロメトン（Frometon）"の名で呼ばれていました。それは、1035年の役所の記録に、シニー（Signy）修道院のユーグ・ド・グルネイ（Hugues de Gournay）が租税としてフロメトンを納めたことが残されています。正式にヌシャテルという名称が表れるのは1543年、ルーアンにあったサン＝タマンド（Saint-Amand）修道院の会計記録の中でした。

　ヌシャテルには、円柱形、ハート形、煉瓦形などが生産されていますが、円柱形のボンドンが作られるようになったのはルネッサンス期からと伝えられています。ハート形については、100年戦争の時に兵士と土地の娘とのロマンスによって生まれたとされる話がありますが、信憑性がありません。

　生乳に酸乳と凝乳酵素を入れます。カードは布で漉し、6時間水分をきってから、型入れ前にパートを練り込みます。この作業がヌシャテル独特の風味を生み出しています。濃いクリームのような旨みとコク、ほどよい酸味を味わいます。パリの人たちがこのチーズを食べ始めたのは遅く、19世紀に入ってグリモ・ド・ラ・レイニエール（Grimod de La Reynière）が、1804〜12年に、パリのレ・アール市場の食品や特産品について記した『食通年鑑（L'Almanach des Gourmands）』で紹介したことがきっかけとなりました。

　現在、A.O.P.で以下の6つの形のヌシャテルが認められています。全体の生産量の約1/4が殺菌乳を用いて作られています。

① Bondon（bonde cylindrique）円柱形　直径4.5cm　高さ6.5cm
　　　　　　　　　　　　　　　　100g以上
② Bondard（double bonde）円柱形　①の2倍の大きさのもの
　　　　　　　　　　　直径5.8cm　高さ8cm　200g以上
③ Briquette　煉瓦形　7×5cm　高さ3cm　100g以上
④ Carré　四角　6.5cm角　高さ2.4cm　100g以上
⑤ Grand Cœur　ハート形（大）幅10.5cm　高さ5cm　600g以上
⑥ Cœur　ハート形（小）幅8.5cm　高さ3.2cm　200g以上

Niolo ／ Niolin
ニオロ／ニオラン

【羊／生】L　コルス圏オート＝コルス県（2B）
12〜14cm角　高さ4〜6cm　500〜700ｇ　MG45％　F・A

　ニオロ高原など山奥の村ニオリュで作られてきたコルスを代表するチーズの一つです。伝統的に6月の初めの雨が降り続いた後で、羊飼いが放牧しながら作ったといわれているチーズで、ニウリンク（Niulincu）とも呼ばれています。現在は羊をトラックで高地へ運んで放牧し、石造りの小屋でチーズを作り、コルス自然公園の中のカザマーチウリで熟成しています。

　他にもニオリュという地名に因んだチーズで有名なものに、山羊と羊のミルクで作る四角のニオランがあり、それは湿度の高い石のカーヴで3〜4ヵ月塩水で拭きながら熟成させたものです。土地ではチーズを砕いてコショウをかけて食しますが、かつてはその多くを1年近く保存しました。1年ものの味は島の人々の個性のように強烈なものだったといいます。

Olivet
オリヴェ

【牛／殺菌】PM　サントル＝ヴァル・ド・ロワール圏各地（熟成はオルレアネ地方）
直径10〜12cm　高さ2〜3cm　250〜300ｇ　MG45％　A

干し草を飾ったオリヴェ・オ・フォワン（Olivet au Foin）。

胡椒をまぶしたオリヴェ。

灰をまぶしたオリヴェ。

　サン・ブノワ＝シュル＝ロワール（Saint Benoît-sur-Loire）修道院で、修道士が工房を作って作りはじめたのではないかと推測できます（P.Androuët）が、はっきりしたことはよくわかっていません。オルレアンの城壁の中で作られていたチーズで、"ちょっとクロミエ（P.81参照）みたいなチーズ（un peu comme le Coulommiers）"と呼ばれていました。灰をまぶしたものをオリヴェ・サンドレ（Olivet Candré）といいますが、それは牛乳が豊富な春にたくさん作られたチーズを保存するために、木の箱に入れて灰をかぶせて熟成させたものです。そして保存したチーズは、ぶどうの収穫期"ヴァンダンジュ"の重労働をねぎらう土地の名物となっていたと伝えられています。

127

3年もの。

Ossau-Iraty A.O.P.
オッソー＝イラティ

【羊／生・殺菌】PPNC　ヌーヴェル＝アキテーヌ圏ピレネー＝アトランティック県（64）全域、オクシタニー圏オート＝ピレネー県（65）の一部
大：直径 22.5〜27cm　高さ 8〜14cm　3.8〜6kg
小：直径 17〜21cm　高さ 7〜13cm　1.8〜3.3kg　MG50〜58%　F・A・L

　大西洋から地中海にまたがるピレネー山脈を越えると、そこはもうスペイン。このチーズの名前は、国境に近いベアルン地方のオッソーの谷とバスク地方のイラティの森に由来します。オッソー＝イラティの故郷ピレネーの山岳地帯には、東西文化が混ざり合った独特の牧歌的な風土があります。厳峻な自然と生きる山の民が羊乳で作るオッソー＝イラティは、かつてピレネーの西域で作られる羊チーズの総称でした。ベアルンでは、伝統的な土地の羊種でマネッシュ種のテート・ノワール、テート・ルースを飼い、バスクではバスコ＝ベアルネイズ種のミルクで作られてきました。この3種の羊がA.O.P.で認められています。

　放牧酪農は石器時代から行なわれてきたようですが、確かな記録には14世紀の小作農が地主と交わした契約書、15世紀の初頭に現在A.O.P.が指定する地域で発布されたチーズ生産の許可証があります。

　年に265日の搾乳が認められていますが、9月と10月は搾乳をしないこと、フェルミエ製はミルクを殺菌してはならないこと、凝乳酵素は自然のものであること、搾乳後40時間以内に凝乳を作ること（フェルミエ以外は48時間以内）等々、規定をさらに細かくして品質管理を徹底させてきました。鍋のカードをカットした後、温めながら（44℃以下）1cm角ほどの大きさにしていきます。フェルミエ製以外のものは、ジャンケットを作る際、全体の25%量の羊乳、25%を超えない飲料用水（25〜60℃のもの）を加えることが許されています。鍋の底にできたカードを麻布ですくい取り、型入れします。加塩は製造日から10日以内に終えることが定められています。

　このようにして、オッソー＝イラティは、色、形、表皮、中の質感はもちろんのこと、味においては羊独特の甘さ、濃厚で酸味のあるバターのような香り、そして食感や後味までも厳しくチェックされるようになりました。これらすべてのものは、現A.O.P.の規定となっています。

　毎年32万頭の羊がピレネーに移牧され、年間240日以上を

標高の高い牧場で過ごします。65軒のフェルミエと4軒のレティエでオッソー＝イラティは作られています。フェルミエ製は、バスクの山小屋・カイヨラール（cayolar）とベアルンの山小屋・キュヤラ（cuyala）で作られます。熟成は、2～3kgのもので80日以上、4～7kgのものは120日以上とすることが定められています。オッソー＝イラティはかみしめるとやさしい甘みのあるチーズです。羊独特の凝縮されたミルクの味とバターの香りが生ハムなどとの相性もよく、地元ではデザートにさくらんぼやカシスのコンフィなどと合わせます。

A.O.P.が認める頭の黒いテート・ノワール種。高地放牧を原則とする。

Pavé Blésois
パヴェ・ブレゾワ

【山羊／生】C　サントル＝ヴァル・ド・ロワール圏ロワール＝エ＝シェール県（41）
7～8×4cm　高さ2.5～4cm　250g　MG～45%　F・A

パヴェ・ブレゾワ

　パヴェについては、いくつかのチーズの解説書に角錐台形で近年作られるようになったチーズだと書かれています。また、「ヴァランセ（P.182参照）を真似て作られたようだ」とも書かれていますが、名前がパヴェ（敷石）でなぜ当時角錐台形に作られたのかという疑問が残ります。しかし、パヴェという言葉をフランス語の辞書で調べてみると、敷石という意の他に、大きな舗石形のチーズ、角錐台形のチーズという意がありますので、かつてこのチーズが角錐台形のヴァランセのような形に作られたものもあったということは信憑性の高いことだと考えられるのではないでしょうか。ローマ皇帝がソローニュを城壁で取り囲む前、この地はドルイド僧がガリアで年に一度の集会を開く拠点の一つでした。木炭粉まぶしの四角いチーズは、3週間を過ぎて薄青くなった頃から山羊独特の香りとヘーゼルナッツの味わいがあります。

パヴェ・ド・リヨンヌ

　他にもパヴェを名乗るシェーヴルは、リヨネにパヴェ・ド・リヨンヌ（Pavé de Lyonne、7cm角　高さ2.5cm　120～150g　F）が、ポワトーにパヴェ・ダイルヴォール（Pavé d'Airvault、10～11cm角　高さ2.5～3cm　250～300g　F）が、南仏にビオ製のパヴェ・アルデショワ（Pavé Ardéchois、7cm角　高さ2cm　F）やパヴェ・ド・ラ・ジネスタリィ（Pavé de la Ginestarie、8cm角　高さ2.5cm　150～200g　MG21%　F）があります。

Pavé d'Auge
パヴェ・ドージュ

【牛／生・殺菌】L　ノルマンディー圏カルヴァドス県（14）
11cm角　高さ5〜6cm　600〜800g　MG50%　F・A

　ノルマンディー・オージュ地方で作られる「オージュの敷石」と呼ばれるチーズで、サイズ違いのものはパヴェ・ド・モヨー（Pavé de Moyaux）と呼ばれていました。パヴェ・ドージュは13世紀に起源をもち、ポン＝レヴェック（P.138参照）の原形といわれています。あまり知られていませんが、司教ウィリアムが好んだといわれるアンジェロ（Angelot）が、長い戦争の間にモヨーのフェルミエで作られていたため、モヨーと呼ばれるようになったともいわれています。

　パヴェ・ドージュは、ポン＝レヴェックの2倍の大きさで、パヴェ・ド・モヨーは4倍の大きさです。かつて小作料を支払うための貯蓄用チーズとして、またミルクの生産量の少ない季節の食糧とするためにも大きく作っていたようです。次第にモヨーは作られなくなりました。

　ウール県には、牛の生乳で作るパヴェ・デュ・プレシ（Pavé du Plessis、12cm角　高さ5cm　500g　L）があります。他にもウール県のリューレイで作られる牛乳製のパヴェ・ド・ノアルド（Pavé de Noards、6〜8cm角　700〜800g）は、フェルミエ製でその品質が認められていました。これら四角のチーズのほとんどは、かつて乳清で作られた大きなチーズで、それらは農家の自家用でした。おそらく全乳で作られる小型のものは、市場で売ったり納税するためのチーズだったのでしょう。パヴェ・ド・ジュラ（Pavé de Jura）と呼ばれるものは、ジュラ地方の牛乳製で、それは山羊チーズの"シュヴレ（Chevret）"がないトゥーサンからパックまでの期間（P.56註参照）にだけ作られたので、シュヴレを洒落て"ヴァシュレ（Vacheret）"とも呼ばれていました。

Pélardon A.O.P.
ペラルドン

【山羊／生】C　オクシタニー圏ガール県（30）、ロゼール県（48）、
タルン県（81）、エロー県（34）、オード県（11）
直径6cm　高さ2.5cm　60g　MG45%　F・C・I

　南仏の丸くて小さなシェーヴル、ペラルドンは、セヴェンヌ地方の方言で山羊チーズのこと。ペラルドンは、プラルドン（Pelardon）、パラルドン（Paraldon）、ペラルドン（Pérardon）、ペラウドゥ（Pélaudou）とも記されてきました。1756年にボワシエール（Boissier）修道院で、ペラルドゥのカードを作るのに手間取ったという記録が残っています。

　地元では一般的なシェーヴルで、農家製のものは大きさもいろいろなものが作られてきました。そこでINAOは、2008年8月にその生産地域を限定し、伝統的な製法を守るための規定をしました。山羊の種類は、アルピン、ザーネン、ローヴ種またはこれらを交配させたものとし、通年210日以上の放牧規定のうち180日間は標高800m以上の高地に山羊を移動させなければなりません。

　搾乳後のミルクやカードは、冷凍保存することは認められていません。全乳は乳酸菌の力でジャンケットにしますが、酵素を使うことも許されています。そして作られたカードは必ずルーシュを用い手作業で型入れします。加塩はリン酸の混ざっていない細かな塩を直接チーズの両面に付けています。脱水乾燥は短くとも18〜24時間、18〜22℃の室温で行なわれ、その間にもひっくり返す作業をしなくてはなりません。それから、12〜18℃、湿度65〜80%のカーヴで24〜48時間乾燥させます。その後、8〜16℃、湿度85〜95%のカーヴで2日に1回はひっくり返し、ジャンケットを作った日から数えて少なくとも11日間は必ず熟成させます。

　爽やかな酸味と甘みがあり、熟成が進むとヘーゼルナッツのような旨みと山羊のコクが増します。伝統的には地酒に漬けてフロマージュ・フォール（P.99参照）が作られてきました。

Pérail de Brebis ／ Pérail
ペライユ・ド・ブルビ／ペライユ

【羊／生】PM　オクシタニー圏
直径6〜10cm　高さ2cm　70〜150ｇ　MG45%　F・A

　ペライユ・ド・ブルビは、セヴェンヌ国立公園内やその周辺で、かつてはロックフォール（P.149参照）の余ったミルクなどで作られていました。この一帯は「コースとセヴェンヌの地中海農牧業の文化的景観」としてユネスコ世界遺産として認められた地域で、南東山岳部には小さな村々が点在し、段々畑での農作物の栽培や養蚕や牧羊が行なわれてきました＊。

　若いペライユ・ド・ブルビには羊乳独特の爽やかなクリームのような旨みがあります。古くは煉瓦色になるまで熟成したものも好まれ、ぐっとくる羊のコクを味わっていました。それは土地ではロジュレ（Rogeret）と呼ばれていました。ヴァランス近郊でも、古くからロジュレ・ド・ラマストル（Rogeret de Lamastre）という、ロジュレを名乗る羊乳のチーズが作られています。

＊コース、セヴェンヌ一帯：南仏の象徴ともいえる蝉は、マシフ・サントラル（中央山塊）を越え松や糸杉の植生が見えるところから鳴き声が聞こえはじめる。歴史生態学者のキャロル・クラムリー（Carole Crumley）は、過去3000年に大陸性気候と地中海性気候の境目がどのように移行してきたか調べた。それによれば、大陸性気候と地中海性気候の境目は、現在はフランスのマシフ・サントラルの南端沿いにある。ここではわずか数メートルの間に植生が温帯性から地中海性へ変化する。かつて寒冷な時代に境界線は北緯36度まで南下し、北アフリカの海岸線にあったことがわかっている。温暖期にそれは北海とバルト海の沿岸まで880kmも北上した（緯度では12度あまりの差がある）。このことがヨーロッパの歴史に劇的な影響を及ぼしたという。周辺のコース、セヴェンヌ地方では古くから羊が飼われてきた。

Persillé de Tignes
ペルシエ・ド・ティーニュ

【山羊/生】C　オーヴェルニュ＝ローヌ＝アルプ圏サヴォワ県（73）
大：直径9.5～11.5cm　高さ9～10cm　680～980ｇ　MG不定　F

Persillé de Tarentaise
ペルシエ・ド・タランテーズ

【山羊／生】C　オーヴェルニュ＝ローヌ＝アルプ圏サヴォワ県（73）
直径6～8cm　250～550ｇ　MG45%　F

　ペルシエ・ド・ティーニュは、ヴァノワーズ国立公園の中で作られる、朝と夕の搾乳を混ぜる昔ながらの製法の山羊チーズです。やや濃いめの褐色の表皮を持つものもあります。ペルシエとは「パセリ」の意味で青カビを表しますが、多くのものは中にカビを持たずに市場に並んでいます。また、イゼール川の谷沿いの村などで作られるペルシエ・ド・タランテーズにも、パセリのような中身を持つものは、現地でも出合えませんでした。
　2つの写真にもブルーが見られませんが、この状態が食べ頃といわれる6～9週間の熟成のものです。チーズのコクはミルクを醸す間に生まれる旨みです。熟成の長いものは、ずっと後まで口の中に強い山羊乳くささが残ります。

　この他にも山羊乳だけでなく山羊と牛のミルクを混ぜて作るペルシエ・デザラヴィ（Persillé des Aravis）、ペルシエ・デュ・モン＝スニ（Persillé du Mont-Cenis）など、作られた土地の名前が付いたペルシエがあったといわれています。おそらく古くは、家畜とチーズ小屋が一体だった山の暮しで、青カビ菌がカードに入ったり、熟成していく間にできた表皮の裂け目から入り込んだりして、ブルーを自然発生させたものだったと考えられています。そして、そのような青カビ群がペルシエ・ド・サヴォワと呼ばれたのだと思われますが、次第に作り続ける農家は少なくなっています。

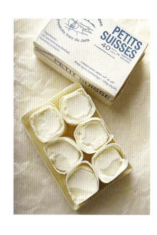

Petit Suisse
プティ・スイス

【牛／生・殺菌】F　フランス各地
直径 3cm　高さ 4～5cm　30～60g　MG40%・60%　L・I

ヴィリエ・シュル・オーシイ村のエルール（Hérould）というフェルミエにいたスイス人のチーズ職人がレシピを考えたのでスイスを名乗っているといわれています。これが1850年頃にレ・アール市場から評判になり、多くの同名のチーズが作られるようになりました。脂肪分60%のものはクリームを添加していますのでやや酸味がありますが、なめらかでお菓子のように食べられます。蜂蜜、カソナード、メイプルシロップ、ジャム、フルーツなどと合わせたり、製菓はもちろん料理やソースなどに使われたりします。

Picodon A.O.P.
ピコドン

【山羊／生・殺菌（T）】C　オーヴェルニュ＝ローヌ＝アルプ圏アルデシュ県（07）、ドローム県（26）両県全域。オクシタニー圏ガール県（30）、プロヴァンス＝アルプ＝コート・ダジュール圏ヴォークリューズ県（84）両県の一部
直径 5～7cm　高さ 1.8～2.5cm　65g～　MG45%～　F・A・L・I・At

ローヌ川流域ドーフィネ、ヴィヴァレ地方で作られる南仏のシェーヴル。その生産地域はドローム県とアルデシュ県に川を挟んで分かれています。かつてピコドンは、広く南の地域で小さなチーズを表す言葉でした。そしてそれらの多くはとてもよく熟成されたシェーヴルだったので、その味は刺すように辛いものでした。それで、"Fromage à piquer（刺すように辛いチーズ）"、または古いプロヴァンス語で「辛い」という意味の "piquant（ピカン）" から、その名を呼ばれるようになったといわれています。自然の表皮はとても薄く、うっすら白いカビのものと薄黄色のものとがあります。2000年までピコドンは、ピコドン・ド・ラルデシュとピコドン・ド・ラ・ドロームの呼び名でA.O.C.が認められていましたが、同年8月のI.N.A.O.のコントロールで2つの地名を名乗るものはすべてピコドンに統一されています。

ミルクは1日2回搾乳されます。搾乳のたびにチーズを作る場合と、前日の夕方のミルクを一緒にして作る場合がありますが、2回分のミルクで作る場合には、夕方の搾乳を8～10℃に保って予備発酵させておきます。これを翌朝のミルクに混ぜて、20～25℃の

適温にしてから凝乳酵素を入れます。フェルミエ製は生乳に限られ、アトリエや工場で作られるものは殺菌されたものを使います。凝乳酵素については規定がなく、古くはアザミの酵素を用いて作られたりもしてきましたが、農家がそれぞれに伝わるやり方で作っています。また、凝乳酵素と同時に乳清を入れるのがピコドンの製法上の特徴です。ミルクに乳清を入れるのはパン屋さんがパン種を入れるのと同じように発酵と風味を確かなものにするためで、ピコドンにはなくてはならない重要な工程だといわれています。16時間から36時間の発酵の後、ゼリーのようなジャンケットができます。

　ピコドンはロカマドール（P.145参照）のように時間をかけて凝乳を作るチーズです。水分をきって型から出したら、1日に最低でも1回はひっくり返して両面に塩をまぶします。工房で自然乾燥させてから、13〜17℃に設定した部屋で、空調に注意を払いながら、網棚にのせて乾燥させます。温度や湿度が高すぎるとクリームのように溶け、温度が低すぎて風が強すぎるとざらざらした苦みのあるチーズに仕上がってしまいます。この自然乾燥熟成についての留意事項は1994年にピコドンを研究する企業によって発表され、その留意事項は良質なすべてのチーズを製造するうえでとても重要であり、必要不可欠であることがわかりました。

　古くから南のデュルフィ地方では、チーズの表面を新鮮な水でフロタージュしてから23日間熟成させる、食感はソフトですが味の強いピコドン・アフィネ・デュルフィ（Picodon Affiné Dieulefit）があり、それもEUのA.O.P.を認められています。また、アルデシュ地方には、オー・ド・ヴィーで拭き、ぶどうの葉に包んだ後、テラコッタの壺の中でゆっくりと時間をかけて熟成させた辛みの強いピコドンがあり、ラゴルスとグラ産が有名です。また、古くはヴィヴァレ地区のものをとくにピコドン・ド・サンタグレーヴ（Picodon de Saint-Agrève）と呼び、それは150gで脂肪分も高く、かぐわしいピコドンとして食通に好まれていました。またヴァルレアス産は、中身がやわらかいうちに食べるチーズでした。

　現在は食品の流通がよく、南仏のチーズも半日でパリまで届いてしまうので、どんどん若い熟成でチーズが回転します。農家もこれをよしとし、消費者のニーズに合うこともあって、チーズはますます若めで食される傾向にあります。ピコドンは規定の12日の熟成を待って、すぐに出荷されています。

Pierre-qui-Vire
ピエール＝キ＝ヴィール

【牛／生】L　ブルゴーニュ＝フランシュ＝コンテ圏ヨンヌ県（89）
直径12cm　高さ2.5～3cm　300ｇ　MG45％～　M

ベネディクト会のサント＝マリー・ド・ラ・ピエール＝キ＝ヴィール修道院は1850年に設立されました。現在では宗教関係の美術書を出版していることでも知られていますが、家畜の実験農場ではブルン・アルピナ牛のミルクを研究し、チーズの生産に関する本の刊行もしています。このチーズは1969年からサン＝ブノワにある修道院の農場で、修道士が牛を飼育し、自然農法によって作っています。

ピエール＝キ＝ヴィールはロクーの入った塩水で表皮を洗っているので薄黄色になりますが、中身は白く、フレッシュな状態で食べると爽やかな酸味でヨーグルトのような味です。他に、パートにシブレットや胡椒、にんにくを入れて手で丸めたブール・デ・モワンヌ（Boule de Moines）も作っています。近年、アルピン種山羊のチーズの生産も始めました。

Pierre-Robert
ピエール＝ロベール®

【牛／生】PM　イル＝ド＝フランス圏セーヌ＝エ＝マルヌ県（77）
直径13cm　高さ4.5～5cm　500ｇ　MG75％　L

乳脂肪分75％のトリプルクリームです。ブリ地方のフロマジュリー、ロベール・ルゼール（Robert Rouzaire）が1970年代に創作したもので、名前はロベールと彼の友人であるピエール（Pierre）にちなんでいます。現在もそのリッチでクリーミーな風味は継承され、生産されています。

トリプルクリームはボングラン社の傘下に入った酪農工場などがデリス・ド・サン＝シール（Délice de Saint-Cyr）などを生産しています。他にもレティエ製でグラン・ヴァテル（Grand Vatel）、グラット＝パイユ（Gratte-Paille）、エクスプロラトゥール（P.88参照）などが現在ブリ地方で生産されています。

Pithiviers au Foin
ピティヴィエ・オ・フォワン

【牛／殺菌（P）】PM　サントル＝ヴァル・ド・ロワール圏ロワレ県（45）
直径 10～12cm　高さ2.5cm　250～300ｇ　MG40～45％　L

　パリから南へ90kmほど、ガティネとボースの間に位置するピティヴィエは、フランス有数の穀倉地帯を抱える都市です。この町はガロ・ローマ時代にはすでに村となっていました。隣接するボンダロワには古い領主の館も姿を遺しています。

　古くは、ボンダロワ・オ・フォワン（Bondaroy au Foin）と呼ばれ、オルレアネ地方のボンダロワで夏の間だけ作られていました。フェルミエでは5月と6月のミルクが豊潤な季節に自家用のチーズをつくり、箱の中に干し草を敷いて中身が流れ出ないように熟成させました。その独特の香りとコクが土地の通人に愛されてきましたが、今では干し草は保存のためというよりは飾りになっていて、チーズもピティヴィエの町の酪農工場で1年中生産されるものになっています。

137

Pont-l'Évêque A.O.P.
ポン゠レヴェック

【牛／生・殺菌（P）】L　ノルマンディー圏カルヴァドス県（14）、マンシュ県（50）、オルヌ県（61）、ウール県（27）
8.5cm角　180g、9.5cm角　250g、10.5～11.5cm角　300～400g、19～21cm角　1.2～1.6kg　MG45%～　F・L・I

　ノルマンディー地方でチーズが製造されたもっとも古い記録は、10世紀に領主や教会に納めていた十分の一税に見られます。その時代、広大なノルマンディーの森の一部では、牛や羊や山羊が飼育されていました。

　ポン゠レヴェックの原形であるといわれるアンジェロ（Angelot）と呼ばれる有名なチーズは、13世紀にギヨーム・ド・ローリ（Guillaume de Lorris）が著した『薔薇物語（La Roman de la Rose）』の中で、「よきテーブルには何時もアンジェロデザートがあった」と書かれています。しかし、当時アンジェロは他のノルマンディーのチーズを指していたということもいわれているので、古くは修道院製のチーズやそれを真似て作ったものを"アンジェロ"と総称していたのかもしれません。また、コイン名からそう呼ばれたという説もあり、このチーズがイギリスとの貿易の際の通貨の代わりをしていたこともあったと考えられてもいます。その確かな証としては、支払いに使われたとされるアンジェロの型が残っています。

　アンジェロは15世紀には王国内でもその名を響かせるまでになりました。1560年にはジャン・ラ・ブリュイエール゠シャンピエ（Jean la Bruyère-Champier）がリヨンで書いた料理の本にも記されていました[*]。

　ノルマンディーの歴史家、シャルル・ド・ブルグヴィル（Charles de Bourgueville）が1588年に書いた『ネウストリア地方の古美術探索』（Les Recherches et Antiquiez de la Province de Neustrie）の中で、アンジェロについて貴族の記が残っており、「ノルマンディーの田舎にアンティークを探しに行った時、アンジェロを見つけた。きっとオージュ村かポン゠レヴェック村から来たものだろう」と話しています。また、1600年にはオリヴィエ・ド・セール（Olivier de Serres）の『農業経営論（Théâtre d'Agriculture et Mesnage des Champs）』にも登場しています。そして、17世紀末頃にはポン゠レヴェックの名で呼ばれるチーズとなり、18世紀になるとそのおいしさで評判になって、馬車でパリに運ばれるようになりました。さらに19世紀に線路がノルマンディーにまで伸びると、リジューか

*ポン゠レヴェックと呼ばれるようになったのは17世紀からで、それまでは修道院で作られる「アンジェロ」であった。

らパリのバティニョル駅に朝2時に着く汽車に積まれ、8時間かけて毎日レ・アール市場に届くようになったのです。とくに全乳で作ったクリームのようにリッチなポン＝レヴェックは、食通に人気のチーズとしてレストランからも需要のある高級品となり、その名をより高めていきました。

　初夏から冬のものがよいとされます。工場製のものが圧倒的に多くなりましたが、10軒のレティエと7軒のフェルミエが伝統的なポン＝レヴェックを作り続けています。

① 朝、ミルクが届く。2時間以内に凝乳を作る。

② 型入れは10時間以内に行ない、17～31℃の工房で作業する。

③ 凝乳をひっくり返す。10時間内に複数回行なう。

④ 加塩。凝乳を作ってから4日以内に10～22℃の乾燥室で行なう。

⑤ 11～19℃のカーヴで8日間熟成させる。梱包した後は4～15℃で保管し、18日以内に出荷する。

Port-du-Salut ／ Port-Salut®
ポール゠デュ゠サリュー／ポール゠サリュー

【牛／殺菌】PPNC　ベイ・ド・ラ・ロワール圏マイエンヌ県（53）
直径20cm　高さ6cm　1.3〜1.5kg、380ｇ　MG45%　C

　ナポレオンの革命後、シトー会修道士たちはマイエンヌで新しい修道生活を始めました。フランスでの活動を許された修道会は、アントラムに修道院を創立しました。この非加熱圧搾チーズは、修道院が自給自足のために生産したチーズでしたが、1875年11月に余剰生産分をパリで売り出すと評判を呼び、週に三度の着荷はすぐに完売となりました。すると、この売れ行きに目をつけた業者によって多くの模倣品が生まれました。そこで、1938年に商標にするために裁判をし、これを得ましたが、大戦後の1959年、修道院は牧場と製造を任せられる人材のなくなった事業と商標を民間に譲渡することにしました。その後、伝統的なレシピにこだわった修道士たちは、1962年にアントラム（Entrammes）の名でチーズの生産を再び始めましたが、近代化の適応に遅れ、採算が取れなくなり、工房を閉じました。現在、マイエンヌの協同組合がビオ農法のミルクでアントラムの伝統を守り続けています。

A.O.P. に認められたプーリニ・サン゠ピエール。トゥールーズの市場で。

Pouligny Saint-Pierre A.O.P.
プーリニ・サン゠ピエール

【山羊／生】C　サントル゠ヴァル・ド・ロワール圏アンドル県（36）
（底）7〜8cm角、（上）2.5cm角以下　高さ8〜9cm　250g
MG45%〜　F・L・C

　ロワール川流域のベリー地方で作られ、形がピラミッド形でエッフェル塔にも似ているので、"トゥール・エッフェル (Tour Eiffel)" とも呼ばれ、親しまれています。"ピラミッド" の名前で見つけることもあるでしょう。かつて人々はピラミッド形にパンを作っていたようです。原料のミルクを産する山羊の種類は、アルピン、ザーネン、ポワトヴィンヌ種で、18時間以上かけて凝乳を作ります。豆腐のように固まった凝乳をルーシュで型に入れ、18時間以上待って水分をきって型から出します。表面に塩をした後、3日間は乾燥させてカーヴに移し、そこで少なくとも7日間は熟成させます。6軒のフェルミエと3軒の協同組合などの工場があります。
　プーリニ・サン゠ピエールは、シェーヴルチーズで一番最初にA.O.C. を獲得しました。フェルミエ製には緑のエチケット、工場製（協同組合）のものには赤のエチケットが付けられています。

Raclette ／ Raclette de Savoie I.G.P.
ラクレット／ラクレット・ド・サヴォワ

【牛／生・殺菌】PPNC　オーヴェルニュ＝ローヌ＝アルプ圏オート＝サヴォワ県（74）、サヴォワ県（73）他
直径28〜36cm　高さ5〜7cm　5.5〜7kg　MG45%〜　A・L

　ラクレットはオート＝サヴォワ地方やスイスで古くから作られてきました。チーズの断面を火にかざして、溶けたチーズを"削り取る（racler ラクレール）"ことから、ラクレットという名称を得ました。引き締まった薄黄色の中身で、気孔も少しあります。やさしい木の実の味でそのままでも食べられますが、グラタンやフォンデュなどにして、溶かして味わうチーズです。

　ラクレットを燻したラクレット・フュメや、ハムを入れて燻したラクレット・オ・ジャンボン、マスタードが入ったラクレット・オ・ムタードもあります。

ラクレット・フュメ

ラクレット・オ・ジャンボン

チーズの断面を火にかざし、溶けたチーズを削り取って食べる。ラクレットは料理名にもなっている。

ラクレット・オ・ムタード

Reblochon ／ Reblochon de Savoie A.O.P.
ルブロション／ルブロション・ド・サヴォワ

【牛／生】PPNC　オーヴェルニュ＝ローヌ＝アルプ圏オート＝サヴォワ県（74）全域、サヴォワ県（73）の一部
大：直径14cm　高さ3.5cm　450〜550g、小：直径9cm　高さ3cm　200〜250g
MG45%〜　F・L

　アラヴィ山系の方言、"ルブロシェール（reblocher、もう一度乳を搾るの意）"という動詞から、その名で呼ばれるようになったチーズです。ルブロションは、古くから作られていたはずですが、18世紀終り近くまでその製法は秘密でした。14世紀頃、農家はミルクを地主に土地代として納める"フリュイ（fruit）"＊という方法で借地放牧をしていましたので、教会や領主は搾乳がしっかりとされているかどうか、管理人をおいて日々調べていました。そこで各農家はミルクを全部搾らずに残して、見回りが終わった後でもう一度乳を搾り、その二度目の濃いミルクで自家製のチーズを作りこっそり食用にしていました。そういう訳で、アルプスの美味なるチーズ、ルブロションは、長い間その名を隠していました。青味がかった黄色の表皮はうっすらと白カビに覆われています。そこからは、日向の藁のような、生ピーナッツのようなやさしいミルクの香りと、そしてなんともいえないカビのよい香りがします。もちもちっとした肌で、ねっとりとしていて、まったりとした旨みがあります。フェルミエ製、山小屋・シャレ（chalet）製は夏の終りから。

＊**フリュイ（fruit）**：この地方で古くからある、地主と収益折半で土地を耕作したり、放牧したりする制度。

Rigotte
リゴット

【牛・山羊／生・殺菌】PM　オーヴェルニュ＝ローヌ＝アルプ圏ローヌ県（69）、サヴォワ県（73）　直径4cm　高さ3～5cm　50～70ｇ　MG25～45%　F・A

　リゴットという名のチーズは、リヨネ地方でさまざまなタイプのものが作られています。たとえば、リゴット・ド・リヨネ（Rigotte de Lyonnais）はリヨネで作られる牛乳製で、やや酸味のあるセックな熟成で今も市場で見られますし、リゴット・デ・ザルプ（Rigotte des Alpes）は、ドーフィネで作られる牛乳製で、中身がぼろぼろした感じです。リゴット・デシャラ（Rigotte d'Echalas）など山羊乳の混乳製もありました。また、リゴット・ド・コンドリュー（P.144参照）が作られているコンドリューから数キロメートルのペリュサンでは1900年代の中頃に、牛の授乳期には山羊ミルクを混ぜてチーズを作るフェルミエがあり、乳清で作るリゴットチーズを作っていた記録が見られるようです。他にも、南のオワズの谷にはリゴトン（Rigotton）という農家製のシェーヴルチーズがありました。

143

Rigotte de Condrieu A.O.P.
リゴット・ド・コンドリュー

【山羊／生】L　オーヴェルニュ＝ローヌ＝アルプ圏ローヌ県（69）、ロワール県（42）
直径4.2～5cm　高さ1.9～2.4cm　30g～　MG～40%　F・L・C

　リヨンの町から南西10kmにある標高1500mのピラ山塊で作られていた山羊チーズです。リゴットという名前は、土地の言葉で小川を表わすリゴル（rigol）に由来するという説と、古代にドーフィネやサヴォワ地方に住んでいた人の方言で乳清を意味するレコクタ（recocta）に関連するという説があります。このシェーヴルは19世紀にコンドリューの人たちの商品戦略によってその名を広く知られるようになりました。

　かつてリゴット・ド・コンドリューと同様に知られていたシェーヴルでリゴット・ダンプイ（Rigotte d'Ampuis）がありましたが、これは周辺の土地で1930年代にシェーヴルを作っていた農家たちが生産性を上げるため牛乳を25%加えて作っていたもの。しかし1981年、伝統的なチーズを守りたいというコンドリューの人々が組織を結成して、山羊の全乳だけで生産を再開してA.O.P.を取得しました。現在48軒のフェルミエ製とレティエ製のものが生産されています。

　ゆっくりと28時間かけて凝乳が作られます。カーヴで自然のカビを待つ間、乾燥熟成させるものはアイヴォリーから次第にブルーに、高湿熟成させるものはオレンジ色の顔になっていきます。凝乳を作って8日間は土地での熟成が義務付けられています。熟成10日ほどの若いものはリゴット・ド・コンドリューのミルキーさを、熟成されたセックのものはヘーゼルナッツの香りと山羊乳の旨みを楽しみます。

Rocamadour ／ Cabécou de Rocamadour A.O.P.
ロカマドール／カベクー・ド・ロカマドール

【山羊／生】C　オクシタニー圏ロット県（46）、アヴェロン県（12）、タルン＝エ＝ガロンヌ県（82）、ヌーヴェル＝アキテーヌ圏コレーズ県（19）、ドルドーニュ県（24）
直径5～6cm　高さ1.6cm　35g　MG45%　F・A

　ロカマドールは、フランス南部の石灰質高原ケルシー地方のチーズです。カベクーはオック語で「小さなシェーヴル」の意です。15世紀の研究家ジャン・ムレ（Jean Meulet）の本には、「ロカマドール村のカベクーは、税の代わりに徴収するだけの価値のあるもので、租税が義務付けられていた」と記されています。他にも周辺地域ではロカマドールとよく似た土地のカベクーを名乗る山羊チーズが作られているので、伝統を守るためロカマドールでA.O.P.を獲得しました。

　ロカマドールは、山羊10頭に対し1ha以上の範囲がとれる放牧地で、ストレスのない環境の中で飼育されたアルピン種とザーネン種のミルクで作ります。搾乳した生のミルクに、8時間以内に凝乳酵素を入れます。型入れまでの20時間は18℃以上の部屋で凝乳を麻布で包んで12時間水きりをしなくてはなりません。手作業での型入れの後、1日目は18～23℃、湿度80%の乾燥室（アロワール*）に置かれます。それから10℃、湿度85%の土地のカーヴに入れ、6日を数えて型から出して塩をします。

＊アロワール（hâloir）：チーズの乾燥室。軟質チーズを自然乾燥させるための熟成室。

シャモワゼ（Chamoisé）とも呼ばれる茶色のアルピン種の山羊。他にザーネン種とそれらの交配種の乳の使用が認められている。

145

Rochebaron
ロッシュバロン

【牛／殺菌】B　オーヴェルニュ＝ローヌ＝アルプ圏オート＝ロワール県（43）
直径 15.5cm　高さ 3cm　500g　MG55%　L

　20 世紀に作られるようになったチーズです。リヨンから 134km のル・ピュイ＝アン＝ヴレイで生産される、ソフトな味となめらかな口溶けが身上のブルーチーズです。ペニシリウム・グロウカムの入ったパートを軽く圧搾し、表面に木炭粉をまぶしています。若いものはクリーミーでブルー初心者でも食べやすいやさしい味です。同地域にはこれとよく似たチーズで、工場製のモンブリアック（Montbriac、MG30%）もあります。

Rollot ／ Cœur de Rollot
ロロ／クール・ド・ロロ

【牛／生・殺菌（P）】L　オー＝ド＝フランス圏ソンム県（80）
丸形：直径 7 〜 8cm　高さ 3.5 〜 4cm　200 〜 300g　MG45 〜 50%　F・L

　アミアン近郊に 657 〜 661 年、フランク王クローヴィス 2 世の王妃聖バティルダ（St.Bathilda）によって建設されたコルビー（Corbie）修道院にはコンバヌスの修道会から修道士が集められましたが、後にベネディクトゥス会則を守る会となると急速に発展し、800 年頃にはガリアの知的中心となっていました。中世の北フランスのサン・トメール、アラス、サン・タマンなどでは、修道院が持ちはじめた資本と権力によって町が発展し市場が開かれていました。そこには修道院製のチーズがあったことは疑う余地がないでしょう。

　ロロの名前は、酪農場の協同組合がアミアンにも近い土地の市場の名を付けたものです。直径 7 〜 8cm くらいの丸いものとハート形があります。いずれも若いものは香りもやさしいクリーム。3 〜 4 週間の熟成が食べ頃です。

Roncier
ロンシエ

【山羊／生】C　ヌーヴェル＝アキテーヌ圏ドルドーニュ県（24）
直径7cm　高さ2〜2.5cm　100〜120g　MG不定　F

　ヨーロッパのなかでも有数の手つかずの自然を保つペリゴール地方は4つの地域に分かれていますが、そのなかの石灰岩の地、ペリゴール・ブランと呼ばれる地域で作られています。ペリゴールには、先史時代の遺跡として名高い動物画のあるラスコーの洞窟があり、太古の人の足跡が残されています。また、美食の地としても有名で、トリュフやフォワグラの産地としても知られています。

　大自然の中で育った山羊のミルクで作るオーガニックチーズは、木苺の葉を飾っているのでロンシエと名付けられました。このチーズは、フェルミエ・ラ・シェーヴル・ネヌ（La Chèvre Naine）で作られています。

Rond de Lusignan／Lusignan
ロン・ド・リュジニャン／リュジニャン

【山羊／生】C　ヌーヴェル＝アキテーヌ圏ヴィエンヌ県（86）
直径13〜15cm　高さ1.5〜2cm　300g　MG45%　F・L

ヴィエンヌ県の都市、リュジニャンで作られてきました。フェルミエ製とレティエ製のものがあり、伝統的には栗の葉の上で熟成させます。ポワトー地方の名産でまっ黒焦げの顔をしたチーズケーキ「トゥルトー（Tourteau）」*は、リュジニャンのフレッシュで作られたのが始まりであるといわれています。そしてそこからポワティエやニオールなど山羊チーズの生産地に広がっていきました。

＊トゥルトー・フロマージェ（Torteau Fromagé）

ポワトー地方のヴィエンヌで伝統的なケーキは、土地のシェーヴル、リジニャンを作る時のフロマージュ・ブランで作りますが、山羊乳のものがなければ牛乳製で代用できます。チーズはシュメールの神に捧げられた記録があり、その後のギリシャの神々にはチーズケーキが捧げられていました。

材料（4人分）
タルト生地（市販のパート・ブリゼでよい）　300g
フロマージュ・ブラン
　　　（よく乳清をきって塩をしていないもの）　250g
塩　ひとつまみ
砂糖　125g
コニャック　小さじ1
でんぷん　2g（もしくは小麦粉50g）
卵　5個

1　型にタルト生地を敷いてフォークで穴をあけ、220℃で5分ほど空焼きしておく。
2　フロマージュ・ブランと塩、砂糖、コニャック、でんぷん（もしくは小麦粉）をボウルに入れてよく混ぜ、ほぐした卵黄を加えて泡立て器でそっと混ぜる。
3　別のボウルで卵白を雪のようになるまで泡立てて2に加え、ヘラで切るように混ぜる。
4　1に3を、3/4ほどの高さまで入れ、220℃のオーヴンで表面が濃い褐色になるまで45分焼く。

Roquefort A.O.P.
ロックフォール

【羊／生】B　オクシタニー圏アヴェロン県（12）、タルン県（81）、タルン＝エ＝ガロンヌ県（82）、オード県（11）、ガール県（30）、エロー県（34）、ロゼール県（48）各県全域、オート＝ガロンヌ県（31）、ロット県（46）の一部。ヌーヴェル＝アキテーヌ圏ジロンド県（33）、ロット＝エ＝ガロンヌ県（47）、ピレネー＝アトランティック県（64）各県全域、ドルドーニュ県（24）、ランド県（40）の一部。プロヴァンス県＝アルプ＝コート・ダジュール圏アルプ＝マリティーム県（06）、ブーシュ＝デュ＝ローヌ県（13）、ヴァール県（83）各県全域、アルプ＝オート＝プロヴァンス県（04）の一部
直径 19～20cm　高さ 8.5～11.5cm　2.5～3kg　MG52%～　At・L・I

歴史に見る王のチーズ

　大プリニウスの『博物誌』の中にガバレ（Gabales）のチーズとして記されているのは、ロックフォールのことだと考えられています。それは、同じくそこに紹介されたジェヴォーダン（Gévaudan）のチーズをカンタル（P.62参照）だと考える歴史的根拠と同様です。

　皇帝シャルルマーニュの逸話が遺されています。シャルルマーニュが旅の途中で知己の司祭のいる教会を訪問しました。不意のことで教会にはおもてなしをできる用意がなかったので、司教はカーヴからとっておきのチーズを持って来させました。皇帝は御前に出されたチーズの表皮と中に青いものが見えたのでその部分を取り除いたところ、それを見ていた司祭は「恐れながらその青カビが一番美味しいところなのです」と言います。そこで、その青カビを食べてみたところ、今までに味わったことがない美味しさでしたので、早速「毎年このチーズを馬車 2 台分届けるように」と所望し、以来ロックフォールを一番好んだといいます。この逸話は、ロックフォールのものではなかったという見方をする研究者もいて、諸説ありますが、シャルルマーニュの伝記執筆者が、皇帝は旅の途中で珍しいチーズに出合ったと書いているのは確かなことのようです。

ソンドでパートのブルーの入り具合を見る。

　1070 年にはコンクの教会の贈与証書にロックフォールの各カーヴからそれぞれ 2 個ずつ納めさせた記録が残っています。また、1411 年にシャルル 6 世は、ロックフォールを特定された地として守るための絶対重要事項として、当地を踏査したうえで、ぶどうの苗木を植えたり、麦の種をまいたりすることを禁ずる許可をしました。

　1457 年 9 月 15 日にはアンリ 2 世、1560 年にはフランソワ 2 世、1619 年にはルイ 14 世によって特許状が発布されています。そしてこの頃に、多くの公式な認可証が発行されています。なかでも特記すべきものとしては、ロックフォール・シュル・スールゾン村に、フ

断崖に建物とカーヴがあるロックフォール・シュル・スールゾン村。

村を見守る教会と、石灰岩の岩肌を見せるコンバルー山。

太古には平らなテーブル状の地形が続いていたコンバルー山の頂上台地。

ロックフォールを作るため羊を飼うミルク農家。ここでは羊は、餌、放牧期間、飼育方法に至るまで国の規定により管理されている。

ランスの国における亡命者や罪人をかくまうことができる教会や大使館のような特別な権利が認められたことでしょう。そうして1666年、トゥールーズの議会は、ロックフォールが模造され、製造されないよう、これを監視することを法で定めています。

1782年に、ドゥニ・ディドロ（Denis Diderot）とジャン・ル・ロン・ダランベール（Jean Le Rond d'Alembert）によって出版された『百科全書』に"ヨーロッパで最高のチーズである"と記されたことによって、ロックフォールは名実ともに王のチーズとして有名になりました。歴代の王に愛され、認められてきたロックフォールは、1925年7月26日には、フランスで初めてのA.O.C.（A.O.P. 1996年〜）となりました。今では世界90ヵ国以上に輸出され、王者としての名声を轟かせています。

1950年代までは、50近い手作り工房があったというロックフォール・シュル・スールゾン村の周辺にも近代化の波が押し寄せ、現在ではそのほとんどが大きなカーヴを抱えるソシエテ（Société）社、ソシエテ傘下のパピヨン（Papillon）社、ガブリエル・クーレ（Gabriel Coulet）社などに吸収され、伝統的な製法で作り続けるアーティザナルのメーカーは、カルル（Carles）社、イヴ・コンブ（Yves Combs）社だけになってしまいました。アーティザナルのものは、ロックフォール・シュル・スールゾン村近郊サン・タフリク周辺やアヴェロン近郊で今も昔ながらの製法を守って作られています。

香り高い羊乳製で、デザートの前に強めの代表として必ずといっていいほど選ばれるチーズの一つでしょう。羊乳独特のコクとクリームのような甘みが塩分とよく合って、青カビの華やかな味わいを引き立てます。熟成の進んだものは次第にカビがグレーがかっていき、チーズからはアミノ酸の汁が出て、もろもろと崩れやすくなり、ピリッと刺すような辛みとなれた"塩"を感じるようになります。一般的な食べ頃は、熟成3〜4ヵ月です。

ロックフォールはアペリティフ用のパイ生地にのせたり、またサラダに、ソースにと、料理の主役、脇役をおいしく務めます。味がきつくなりすぎてしまったら、カレーやシチューに少し入れてソースにコクとまろみを出します。甘いワインを合わせてデザートにも。マーマレードやプルーン、レーズンやクルミ、デーツや干し柿もよく合います。

偉大なる自然のカーヴと"フルリーヌ"

ロックフォール・シュル・スールゾン村はマシフ・サントラル（中央山塊）の南、アヴェロン県にあります。村の名前は"スールゾンの流れの上の偉大なる巌"。全体が天然の冷蔵庫としてブルーを育んできた不思議な岩山です。

写真に見られるように、ロックフォール・シュル・スールゾン村のカーヴはコンバルー山の北側の斜面に建っています。コンバルー山の頂きは平らでこの部分は、太古の昔地球の地殻変動によって崩れ落ちるまで今より広く続いていました。地震によって断崖が水の浸食で崩壊し、落ちた岩山が積み重なっています。このような地殻変動が6000万年も前にこの地方で3回続けてあり、それによって網の目のようなフルリーヌ（fleurine）と呼ばれる亀裂（空気孔）ができました。この風穴は地上まで100mも繋がって、通気口の役割を果たしています。そしてさらなる崖崩れでできた堆積物によっていくつかの大きな洞ができました。そしてそれらの洞窟が今もロックフォールの熟成カーヴ、ブルーチーズの揺り籠となっています。

カーヴの大きなフルリーヌ。

17世紀には、この山でいちばん大きな熟成カーヴで現在のソシエテ社のカーヴの原形となった地下5階のカーヴなどが続々とできました。これらの天然カーヴは、フルリーヌの自然の換気空調機能によって、1年中温度が7～10℃、湿度90～95%に保たれるようになっています。場所や季節によって空気孔を通る風の量が異なりますが、その循環によってカーヴの中の温度、湿度はほぼ一定にコントロールされています。

洞窟のカーヴで熟成。

ブルーの素

ロックフォールは凝乳を作る時にペニシリウム・ロックフォルティと呼ばれる特別な青カビを混ぜ込んで作ります。製造して8日後に型から出して、パートの全体に長い針で穴をあけ、空気を入れることでカビが繁殖しやすくなります。そして、表面に粗塩をこすり付けたものを熟成カーヴに運びます。カビの素ペニシリウム・ロックフォルティは、その製造者によって製法が異なりますが、基本的には9kgほどのパン・ド・セーグル（ライ麦パン）から作られています。その作り方の一つは、まずパンをオーヴンで焼き、中心までしっかり火を通します。そして熱を取り、カビの種を植えつけてから、洞窟カーヴの風通しのよい場所に4週間置きます。7～10℃に保たれたカーヴの中でさらに10週間、カビだらけになったパンの皮を取り、パンの内部の億というカビの胞子の中から"ロックフォール

出荷前のアルミ箔のラッピングは手作業で行なわれる。この包装は、ブルーを空気と光から遮るため。

カビだらけのパン・ド・セーグル。一つのパンから2.5kg（250億個）のカビができる。その中から有用なカビ50億～80億個を選んでカビの素をつくる。

151

に適した青カビ"だけを取り出すのです。このカビこそが、チーズに独特の風味と色となめらかさ、そして品のある旨みを与える"ブルーの素"なのです。

① ロックフォールのアトリエ（カルル社・アーティザナル製造）。

② 羊乳を28〜30℃に加温し、凝乳酵素を入れる。20〜30分ブラッサージュし、乳清を排出していく。

③ 輝くクリームイエローの乳清と白いカード。カードは2〜3cm角の大きさにしていく。

④ 穴のあいた細長いちりとりのような形のレードルでカードをすくい上げ、手早く型入れする。

⑤ 型入れしながら加塩する。この時、カルル社ではカビの素を振り入れる。

⑥ 型入れした2つのチーズを重ねて一つのロックフォールができる。

⑦ 乾燥熟成室に運ばれたできたてのロックフォール。乳清が自然に流れ出るのを待つ。室温18℃で乾燥させ、パートが落ち着いたら、ひっくり返して重ねた上の型をはずす。

⑧ 製造日がわかるようにチェックして管理する。乾燥させる48時間の間に7〜8回、反転させている。

⑨ 型から出して表面に粗塩をこすり付ける。この後に針で穴をあけ、カビが繁殖しやすいように空気穴を作る（熟成を始める2日前までに行うことが定められている）。

⑩ 青カビのチェックをするオーナー。カビの状態により、顧客の嗜好に合わせて風味を確認する。

Rouelle du Tarn
ルウェル・デュ・タルン

【山羊／生】C　オクシタニー圏タルン県（81）
直径10cm　高さ3cm　200～250g　MG29%　L

　ルウェルという言葉には、輪切りにするという意味や輪っかの意味があります。ルウェルを生産するフロマジュリー・デュ・ピック（Fromagerie du Pic）は、もとはフェルミエでしたが、生産量を拡大し、レティエとなりました。ここでは、洗うチーズのペシュゴス（Pechegos）や圧搾チーズのトム・デュ・ピック（Tomme du Pic）などを、岩山の頂に中世の城跡が遺る町で生産しています。

　ピレネーとスペインとの国境近くでは、フェルミエ製でルウェルによく似た木炭粉まぶしのドーナツ形のもので、アノー・デュ・ヴィク＝ビル（Anneau du Vic-Bilh、直径10cm　高さ2cm　200～250g）が作られています。

Rouy®
ルイ

【牛／殺菌（P）】L　ブルゴーニュ＝フランシュ＝コンテ圏
9cm角　高さ4cm　220g　MG45～50%　L

　ブルゴーニュ地方で20世紀の初めに、フェルミエ・ルイ（Rouy）によって作られたことからの命名です。後にこのフェルミエがチーズ農家をいくつか合併して共同会社(SAFR)を興し、ベニエ(Besnier)社のグループのレティエとして工場生産をはじめました。現在は工場製のロクーで表皮を洗って熟成させるチーズとしてはもっともポピュラーなものとなっています。ルイ・ドール（Rouy d'Or）やルイ・スープレム（Rouy Suprême）は、カレ・ド・レスト（P.64参照）と同等に評価できるチーズだといわれています。

153

Roves des Garrigues
ローヴ・デ・ガリッグ

【山羊／生】C　プロヴァンス＝アルプ＝コート・ダジュール圏アルプ＝ド＝オート＝プロヴァンス県（04）、ブーシュ＝デュ＝ローヌ県（13）
直径6cm　高さ4.5cm　70〜80g　MG22〜25%　F・A・L

　ガリッグとは、乾燥地帯の石灰岩質の荒地に散在する灌木林のことです。ローヴ種の山羊のミルクで作られているのでこの名前が付きました。この山羊は自然の中で放牧されてきた長い歴史を持つ種で、毎日6時間、灌木やハーブ＊が生い茂るガリッグの中で草を食みます。山羊は番犬に守られ、搾乳までの時を過ごして香り高いミルクを生産します。大きさも脂肪分もその時によりまちまちな農家手作りのローヴ種乳の団子です。口中に広がるタイムの香りとコクのある風味で人気を得、近年はラングドックでもアーティザナル製や、レティエで乳脂肪45%のものが同名で作られています。

＊ ガリッグには、セージ、ローズマリー、タイム、ラベンダー、ヨモギ系のアルテミシアなどのハーブの植生が見られる。

Sainte-Maure de Touraine A.O.P.
サント＝モール・ド・トゥーレーヌ

【山羊／生】C　サントル＝ヴァル・ド・ロワール圏アンドル＝エ＝ロワール県（37）全域。ロワール＝エ＝シェール県（41）、アンドル県（36）、ヌーヴェル＝アキテーヌ圏ヴィエンヌ県（86）各県の一部
長径5.5cm　短径4.5cm　長さ16〜18cm　250g　MG45%〜　F・L

　ライ麦藁が真ん中に通った形が定番のサント＝モールですが、実はこの麦藁はこれが本物だという証明ではありませんでした。麦藁は、サント＝モールをフレッシュなうちに型から出して運ぶ時に、この細長いチーズが形崩れしないように入れられたものでした。このユニークな形がサント＝モールのトレードマークになりました。I.N.A.O. は2000年のEC統合に向け麦藁を入れることを義務付け、麦藁に生産者ナンバーを印刷するように決めました。この制令は1999年1月から実施されています。A.O.P. のサント＝モールには、必ずトゥーレーヌの名が付いています。市場にはサント＝モールの名前だけで売られているものもありますが、それらはA.O.P. に認められたものではありません。以前は型から出し、水きりした後に、白カビのペニシリウム・カンディドゥムを吹き付けたものも見られま

したが、現在は表面に木炭粉をまぶして熟成させたもののみです。

　サント＝モール・ド・トゥーレーヌは、ザーネン種とアルピン種ポワトヴィンヌ種の乳で作られます。アルピン種は全体の10％ほどで、このアルピン種だけでサント＝モール・ド・トゥーレーヌを作る農家はわずかです。アルピン種はとても濃く、タンパク質の多いミルクを出しますが、量が少ないためです。伝統的には、乳酸菌を入れた後に凝乳酵素を入れ、24時間かけて凝乳を作りました。これを型入れして自然脱水し、2日後に型から出し、ここで麦藁を入れ、塩を混ぜた木炭粉をまぶして、さらに自然脱水を進めます。凝乳酵素を入れてから10日は産地で、6〜16℃、湿度75％の状態で熟成させることが規定されています。

　食べ頃は3週間が過ぎ、木炭粉が自然のカビを呼び、乾いてややグレーになった頃。それは次第に身も締まって、バルザックがかつて讃えたようななめらかな固さになり、ヘーゼルナッツの風味も出て旨みも濃くなった時分です。

A.O.P.農家。

カード。

脱水（エグタージュ）は48時間。

アルピン種山羊は生年月日、血統がナンバーで管理されている。

塩を混ぜた食用の木炭粉。

乾燥（セッシャージュ）。

温度と湿度がコントロールされている近代的な熟成室。

155

Saint-Félicien
サン=フェリシアン

【山羊・山羊+牛／生・殺菌（P）】PM　オーヴェルニュ=ローヌ=アルプ圏
アルデシュ県（07）　直径8～10cm　高さ1～1.5cm　180ｇ
MG 約45%　F・L

かつては、サン=フェリシアン村で作られる"カイエ・ドゥー（Caillé Doux）"と呼ばれる製法で作られるトム・デュ・ヴィヴァレ（Tome du Vivarais）と同じ山羊チーズでしたが、ドフィノワ地方で作られる牛乳製のチーズを真似て混乳でも作られるようになりました。やさしいブルーのカビが付いたやわらかな皮の内側は、なめらかに溶けて山羊乳のコクの中にほのかに木の実のような旨みがあります。アルデシュ県のオート・ヴィヴァレ地方で作られるものは山羊乳製です。近年テーシュ（イゼール県）やヴォー=オン=ヴラン（ローヌ県）で生産される工場製は、牛乳を原料とするものです。

Saint-Florentin
サン゠フロランタン

【牛／殺菌（P）】L　ブルゴーニュ゠フランシュ゠コンテ圏ヨンヌ県（89）
直径 10～12cm　高さ 3cm　450～500g、MG45%　L

　オーセールとその近郊でも作られ、中世の詩にも歌われてきたチーズです。コクのある味わいで、香りも風味もエポワス（P.87参照）やラングル（P.108参照）などとよく似た香りと旨みがあるウォッシュチーズです。サン゠フロランタンは古くからあったと伝えられ、ブルゴーニュの田舎のフェルミエが細々と作っていたものを乳業者が見つけ、これらを統合して生産を続けてきました。今ではフェルミエ製のものがなくなってしまいました。

Saint-Julien aux Noix
サン゠ジュリアン・オ・ノワ

【牛／殺菌】フォンデュ　直径 17.5cm　高さ 7.5cm　2.4kg　MG45%　l

　牛乳製チーズを溶かして香りを付け、クルミを挟んでケーキのように作ったもの。チーズ専門店で切り売りされるものの他に、工場製の丸い1個包装（125g）のものもあります。近年はパートに風味付けしたものや、ドライフルーツを飾ったものなど、さまざまなタイプが工場で作られています。

Saint-Marcellin I.G.P.
サン＝マルスラン

【牛／生・殺菌（P）】PM　オーヴェルニュ＝ローヌ＝アルプ圏イゼール県（38）、ドローム県（26）、サヴォワ県（73）　直径6.5～8cm　高さ2～2.5cm　80g～　MG40～65%　F・A・L

　ドローム、イゼール、サヴォワにある274の共同体で生産されています。昔はもっぱら山羊乳（季節によっては牛乳を混入）のフェルミエ製でしたが、今ではスーパーなどにあるサン＝マルスランの多くは、酪農工場で作られる殺菌乳の牛乳製になっています。きめも細かくしっとりとしてコクもあり、酸味もほどよく旨みの多いチーズです。熟成によっては中身がとろけて品のよい塩味のバタークリームのような風味になります。

　古い時代、サン＝マルスランの作られるドーフィネ地方は王太子がその領地で幼少期を過ごしたので、それにちなんで人々は王太子をドーファン（Dauphin）と呼んでいました。ルイ11世（1423～1483）が王太子の時代を過ごした頃のことです。王太子が森に入っていくと、突然大きな熊に出逢いました。すわ一大事、王太子は天を仰いで「助けたまえ」と加護を祈るよりすべがありませんでした。その声を聞きつけた木こりのリショーとブイヤンは、直ちに王太子のもとにかけつけ危機を救いました。そして山小屋で彼らが暮らす谷から持ってきたサン＝マルスランを差し上げたところ、たいそうお気に召されました。しばらくすると王太子を探していたお付きの者が小屋に駆けつけ、王太子は無事城へ戻りました。この時、王太子はごほうびの金貨と「騎士」の称号を与える約束をしました。しばらくしてリショーとブイヤンはその約束通りに騎士の称号を受けましたが、今でも彼らは金貨1万エキュが届くのを待ち続けているという逸話があります。ルイ11世はこのチーズを好み、トゥールなどへ届けさせていたことが城の会計報告書に確かめられますので、歴史家はこの逸話が信憑性の高いものと認めています。

*gléo はカンタル地方の古い言葉でライ麦のこと。

Saint-Nectaire A.O.P.
サン＝ネクテール

【牛／生】PPNC　オーヴルニュ＝ローヌ＝アルプ圏カンタル県（15）の一部、ピュイ＝ド＝ドーム県（63）全域
大：直径 20 〜 24cm　高さ 3.5 〜 5.5cm　〜 1.85kg、
小：直径 12 〜 14cm　高さ 3.5 〜 4.5cm　〜 650g　MG45%〜　F・L

オーヴェルニュ地方にはケルト文化の跡が数多く見られます。ケルト系民族は、遠い昔に中央アジアから馬や馬車、戦車を持ってヨーロッパへ渡来したといわれます。ケルトという言葉は、ギリシャ人が紀元前 600 年頃に「ケルトイ」と呼んだことに由来しています。そして史料はチーズ作りの文化を持っていた民族だったと伝えています。

ロマネスク教会の残るサン＝ネクテールの土地のチーズは "麦藁の上のチーズ（Fromage de Gléo）"* と呼ばれ、古くから租税として納められていました。そうして何世紀もの間作り続けられ、麦藁の上で熟成されていました。中世になると、このチーズはオーブラック高原までの広い地域で作られるようになっていたと伝えられます。16 世紀頃、人々は麦藁の上で大小のチーズを同時に熟成するようになりました。そして、家畜を山に放牧する夏の間は、山で大型のチーズをたくさん作るようになっていきました。高原では小ぶりのサン＝ネクテールを製造しました。

フェルミエ製は 1 日 2 回、朝と夕方に牛乳を搾った後、すぐにチーズ作りを始めます。温めたミルクに凝乳酵素を入れ、1 時間くらいでミルクが固まってきたら、冷めるのを待って細かくカットします。昔はこの作業を "メノーヴ（menove）" と呼ばれる丸い大きな粉ふるいのような目の細かい機具を使って、上から押して凝乳を切り、米粒ほどの大きさにしていました。そしてさらに "ムウィザドゥー（mouisadour）" という板を使って混ぜ、乳清を除いた後に集められたカードの固まりを "トム（tomme）" と呼びました。

トムを型に入れ、重石をしてチーズの形になったところで型から出し、塩をし、また型に戻し、涼しい部屋（12℃以下）で 1 日休ませてから、熟成庫（10 〜 12℃、湿度 90 〜 95%）に入れます。そこで 3 〜 6 週間、ライ麦の藁の上にこれを並べ、ときどき塩水で洗いながら熟成させていきました。現在は藁の上での熟成はステンレスの簀の子の上に変わっています。次第にチーズは黄味がかり、白カビやグレーのカビに覆われますのでそれを拭きます。さらに熟成が進むと赤や黄色のカビが見られるようになります。夏から秋が

旬で、4～6週間の熟成が一般的に好まれるようです。グリーンの楕円の鑑札はフェルミエ製、四角のものは工場製です。

　身はねっとりとして弾力があり、皮はカーヴのカビとなめし皮のようなにおいもあります。コクがあって旨みが強く、古漬けのような香りもあり、不思議なことに日本の田舎の匂いがします。

藁の上の熟成（チーズ史料館）。

フィロキセラで全滅したぶどう畑に残るワインカーヴで熟成させる、独特の味わいのあるサン＝ネクテール。この周辺では、もとワインカーヴでサン＝ネクテールを熟成させている農家もある。

カーヴのある村。

凝乳を型に移し、重しをして、形を整える。

161

Saint-Nicolas ／ Saint-Nicolas de la Dalmerie
サン゠ニコラ／サン゠ニコラ・ド・ラ・ダルムリ

【山羊／生】C　オクシタニー圏タルン県（81）
8×4cm　高さ2.5cm　100g　MG45%　M

　タルン県の県庁所在地であるアルビから細い山道を車で1時間ほど、古い町並みを通り過ぎて人里離れた場所にあるギリシャ正教会のサン゠ニコラ修道院で作られているアルピン種乳のシェーヴルです。しっとりとして酸味も淡く、舌の上で溶ける時にタイムやローズマリーが香ります。食品の安全性とトレーサビリティが世界的に問われる時代に、ガブリエル神父は、「『よりよいものを作りたい。食したい』という作り手と消費者の思いから、ビオというものがもてはやされているところがありますが、完全なビオというのは精神的なイメージが作り出したものでしかないでしょう」と断言しながらも、ロカマドール（P.145参照）に学んで作ったオリジナルのチーズは、自然農業哲学に則り、ていねいに作られています。「食べることは生きること。よりよく生きるためによりよく食べるべきである」。そんな考えに基づいた白い命の糧は1日80個ほど生産されています。

乾燥熟成。

工房と教会。

Saint-Paulin
サン゠ポーラン

【牛／殺菌】PPNC　ノルマンディー圏、ブルターニュ゠フランシュ゠コンテ圏、オー゠ド゠フランス圏を中心にフランス全域
直径17～20cm　高さ4～6cm　2kg　MG45%　I・C

　このチーズはポール゠デュ゠サリュー（P.140参照）をモデルにして作られたチーズです。民間企業が作ったもので、1930年頃にフランスで初めて殺菌乳で作られたことで話題になりました。殺菌乳で作られるさまざまな工場製の修道院製タイプの代表的なチーズの一つです。

Salers A.O.P.
サレール

【牛/生】PPNC オーヴェルニュ=ローヌ=アルプ圏カンタル県（15）全域。オート=ロワール県（43）、ピュイ=ド=ドーム県（63）、オクシタニー圏アヴェロン県（12）、ヌーヴェル=アキテーヌ圏コレーズ県（19）各県の一部
直径36〜42cm 高さ30〜40cm 30〜45kg MG45%〜 F・L

　古くからオーヴェルニュ地方の山小屋・ビュロン（Buron）で作られてきたチーズで、フルム（Fourme）とも呼ばれてきました。その歴史は古く、ローマ時代の学者、大プリニウスは『博物誌』の11巻にオーヴェルニュとジェヴォーダン（Gévaudan）のチーズはローマのものと同様に優れた品質であると記しています。カンタルとサレールが兄弟チーズといわれる訳は、製法などがまったく同じで、その作られる季節によって呼び名が違うからです。夏のトランジュマンス（移牧）の間ビュロンで作られるものがサレール（サレールス[*1]）で、サレールは生乳で作るフェルミエ製に限られます。かつては5月20日〜9月30日の間に標高850〜1500mのビュロンで作られていたものをとくに、「高山のサレール（Salers Haute-Montagne）」と呼びましたが、今では高山のサレール規定がなくなり、その製造も4月15日から11月15日までとし、標高規定もなくなりました。熟成は製造から10日以上と規定されています。多くは早い熟成で市場に出ています[*2]。

　若いものは薄黄色のパールのようなパートで、爽やかな旨みがあります。熟成が進むにしたがい濃い麦藁色に変わり、風味も深くコクのある味わいになります。その頃には山小屋でチーズを作る職人が自慢するような、夏山の花やハーブの香りがする風味豊かなサレール本来のコクが楽しめるでしょう。

　伝統的な料理に、ラルドン（ベーコン）やボイルしたソーセージとじゃがいもに、若いサレールをのせて焼くトリュファード（Truffade）[*3]があります。

長期熟成（ヴュー）。

[*1] サレールス（Salers）：サレールの古くからの呼び方で、土地では今でもサレールスと呼ぶことがある。

[*2] 熟成が長いもののなかには、表皮がチーズダニに食われ、味とコクを深めていくものがある。

[*3] トリュファード（Truffade）
材料（4人分）
じゃがいも　1kg
にんにく　大2個（スライスしておく）
ベーコン　適量
ラード、塩、胡椒　各適量
パセリ　適宜
サレール（またはカンタル）　300〜400g

薄切りにしたじゃがいも（茹でておいてもよい）を、ラードを溶かしたフライパンに入れ、にんにく、ベーコンを加えて中火で焼く。じゃがいもに火が入ったのを確かめて、塩、胡椒、好みでパセリを入れて味を調える。小さく切ったチーズを上にのせ、チーズが溶けてきたら、溶けたチーズと崩れたじゃがいもが一体となるまで混ぜる。熱々のところを皿に移して食べる。

《ビュロニエが作るサレール》

　時が止まってしまったような 15 世紀の古い町、サン・マルタン・ヴァルムルーを抜け、車はまだ薄暗いオーヴェルニュの高原に向かっていきます。サレールが作られる小屋から遠くない丘の上では搾乳が始まっていました。春に生まれた子牛は、乳首に吸い付くとすぐに離され、搾乳が終わるまで母牛の脚に縛り付けられています。そして搾乳が終わると母牛を牧場に移動させ、子牛とは別々に過ごさせるのです。大英博物館にあるシュメール人の乳作業の図に出てくる搾乳の様子の再現。違うところは、ここではビュロニエ（小屋番）が一握りの塩を母牛になめさせ、その労をねぎらっていることでしょう。シュメールの時代には塩は貴重品でしたでしょうから、人はただ牛からその乳をもらうだけだったと思います。今日のビュロニエは牛との信頼関係があってこその仕事なのでしょうが、子牛も母牛も遠い昔に人が作った掟のなかで、自然とともに時を過ごしていきます。牡牛は肉牛として飼育されますので、母の側で乳房を含むことも同じ牧場にいられるのも今しばらくのことでしょう。搾乳は早朝と午後の 2 回、6 時間かけて毎日行なわれます。

　ミルクを山小屋に運んで、ビュロニエがチーズ作りを始めます。ミルクを木の桶 "ジェルール (gerle)" に入れ、そこに凝乳酵素を入れます。ジャンケットを "フレニアル (frenial)" と呼ばれる大きな穴のあいた板のような器具を上下左右に動かして砕き、豆粒ほどまでに細かくしてしばらくおくと桶の中ではカードと乳清が分離していきます。そうしたらカードを、麻布を敷いた "ラトラッサドゥ (l'atrassadou)" と呼ばれる表面にくぼみのある台にのせ、7〜12 回はひっくり返して圧搾します。そして、ブロックにカットした白いトムを細かく粉砕して、塩をしてから型入れします。サレール牛はコクのあるよいミルクを出しますが、量が少ないので、今はサレール牛の生乳だけでこのチーズを作る者は少なくなってしまいました。伝統的な高山のサレールを守るビュロニエは「このサレールは私たちの山の味がする」と特別なチーズを誇っています。そしてそれは、夏山のものにだけあるえもいわれぬよい草花のような香りがするのだといわれます。

① サレール牛の搾乳。

② カードをすくい出し、大きな圧搾機で乳清を排出。

③ 粉砕したカードを型入れし、圧搾。

④ ビュロニエのカーヴ。

Sancerrois ／ Sancerre
サンセロワ／サンセール

【山羊／生】C　サントル＝ヴァル・ド・ロワール圏ロワール＝エ＝シェール県（41）
直径5cm　高さ6cm　60〜180g　MG45%　F

　古くからシャヴィニョルの集落で生産されてきたシェーヴルは、"サンセロワ"または"サンセール"と呼ばれ、乳質が格別と評判でした。サンセロワは3つのタイプの総称です。今は作られていないようですが、60gほどの大きさのクロタン（Crottin）、その一回り大きなクレザンシイ（Crézancy）、150〜180gのものをサントランジュ（Santranges）と呼びました。写真のものは、現在のクロタン・ド・シャヴィニョル（P.83参照）より少し大きめで、サンセロワを名乗っています。

Selles-sur-Cher A.O.P.
セル＝シュル＝シェール

【山羊／生】C　サントル＝ヴァル・ド・ロワール圏ロワール＝エ＝シェール県（41）、アンドル県（36）、シェール県（18）各県の一部
高さ9.5cm　直径2〜3cm　200g　MG45%　F・L

　ベリー地方セル＝シュル＝シェール村で作られ、毎週木曜に立つ教会のマルシェで売られていたので、土地の名で呼ばれるようになりました。生産量の36%がフェルミエ製で、他は共同工場で生産されています。フェルミエ製は春から11月上旬まで生産されます。保存用には壺に入れて長く熟成させるものも見られます。

Soumaintrain I.G.P.
スーマントラン

【牛／生・殺菌（P）】L　ブルゴーニュ＝フランシュ＝コンテ圏ヨンヌ県（89）、コート＝ドール県（21）
大：直径12cm　高さ4.5cm　300g　小：直径10cm　高さ3.5cm　200g
MG45%　F・L

　ヨンヌ県のスーマントランという村の農家が作っていました。中身が蜂蜜色のエポワス（P.87参照）のようなチーズです。アルマンスの谷のフェルミエのチーズを数軒の農家がレシピを引き継いで作り続けています。仕上げに軽く塩水で洗って熟成させていますので、熟成が進むとウォッシュの香りが立ってきます。8週間はカーヴで手入れされてから市場に出るので、表皮洗いのチーズ独特の香りとコクがあります。

Tamié / Abbaye de Tamié
タミエ／アベイ・ド・タミエ

【牛／生】PPNC　オーヴェルニュ=ローヌ=アルプ圏サヴォワ県（73）
大：直径20cm　高さ4～5cm　1.6kg　小：直径12～13cm　高さ4～5cm
約600g　MG50～53%　M

　タミエ修道院は1102年に標高907mのイゼールの谷の北に、タランテーズのサン=ピエール大司教区の修道院として、ボニュヴォー（Bonnevaux）師によって建てられました。この修道院のことは1184年オーセールのジェフロイ（Geffroy）によってラテン語で記されています。

　サヴォワを開墾したシトー会の修道士によって、12世紀から始まったチーズ作りは、伝統的な製法を守って作り続けられています。8つの牧場からミルクを集めて日に400kgのタミエを作ります。その半分近くはコミュニティで消費されますが、残った半分あまりは契約しているフロマジュリーや熟成者のもとに運ばれます。十字架とサヴォワマークの描かれているパッケージをはずすと、その姿はルブロション（P.142参照）とよく似た顔をしています。高地の草花を食んだ牛のミルクはリッチで、クリーミー。タミエ独特の風味を醸し出します。

　中身はクリームイエローで、弾力のあるパートには少し気孔のあるものもあります。凝乳を作る時は、全乳を34℃まで温めてから、酸乳と凝乳酵素を入れます。そして、凝乳を1時間30分ほど発酵させてから型入れしますが、この発酵が風味に一役かっているといわれます。型入れして3～4時間圧搾した後、フロタージュによって加塩を行ないます。それから14℃の高湿度の熟成庫に移し、熟成中は2日に1回は表皮を塩水で拭いてやさしいサフラン色の顔に仕上げます。口中にまろやかな旨みが溶け、後味に長く残ります。

タミエ修道院。

　近年、乳清や牛の糞の処理は、酪農家にとって地球環境を考えるうえで大きな問題となっています。1990年、大量に排出される乳清の処理のため、環境によい処理法を研究していたタミエのフロマジュリーでは、エコノミーとエコロジーの観点から、2003年にメタニザシオン（Méthanisation）の方式を取り入れ、12km離れた場所に乳清のストック場を建てました。それは、乳清の腐敗によって発生する有機メタンガスを有効活用する方法です。これによって、バクテリアの働きでできた水を土壌に戻し、メタンガスを修道院の給湯に活用しています。

Taupinière Charentaise®
トピニエール・シャランテーズ

【山羊／生】C　ヌーヴェル＝アキテーヌ圏シャラント県（16）
直径9cm　高さ5cm　250～300g　MG45%　F

　形がもぐらが穴を掘った後にできた塚のようなので、それがそのまま名前"トピニエール・シャランテーズ（シャラントのもぐら塚）"になりました。フロマジュリー・ジュソーム（Joussaume）で作られる旨みがあるチーズは、プラトーに味と形のアクセントをつけるのにもよいでしょう。このフェルミエでは他にもクロシェット（Clochette®）という鐘の形のシェーヴル（底の直径8cm　高さ10cm　250g）を手作りしています。木炭粉まぶしの表面が自然のブルーのカビに覆われた熟成2～3週間のものは、ヘーゼルナッツのような風味があります。

Timadeuc ／ Abbaye Notre-Dame de Timadeuc
ティマドゥーク／
アベイ・ノートルダム・ド・ティマドゥーク

【牛／殺菌（P）】PPNC　ブルターニュ圏モルビアン県（56）
大：直径20cm　高さ4cm　2kg　小：直径10cm　高さ3cm　270～300g
MG45%～　M・A

　修道院が1841年に建立された後、牛の放牧とチーズ作りが始まりました。レシピは同系列でマイエンヌにあった修道院、ポール＝デュ＝サリュー（P.140参照）のものを参考にアーティザナルチーズを作り続けてきました。2004年の末に、ドルドーニュ県ドゥブルにあるエシュルニャック（Echourgnac）修道院から同修道院が開発したレシピを譲り受け、ティマノワ（Timanoix）の名前で販売（P.86参照）。クルミのリキュールで表皮を洗って熟成させる小さなチーズは、コクのある旨みに定評があります。

Tome des Bauges A.O.P.
トム・デ・ボージュ

【牛／生】PPNC　オーヴェルニュ＝ローヌ＝アルノ圏オート＝サヴォワ県（74）、
サヴォワ県（73）　直径 18～20cm　高さ 3～5cm　1.1～1.4kg　MG45％‐
F・L・At

　トム・デ・ボージュは古くからボージュ山塊で作られてきた山の民の命の糧でした。トムの名を持つのは、マシフ・サントラル（中央山塊）で何世紀にもわたって作り続けられてきたチーズの証です。山の暮しは厳しかったので、クリームを取った後の乳清で作った低脂肪のチーズと、田舎パンを日々の食事にしていました。現在は全乳で生産され[*1]、フェルミエ製はアルパージュのものしかありません。おそらくサヴォワで一番古いチーズの一つですが、工場製が増加する傾向にあり、フェルミエ製が全体の20％を割っています。

　ミルクを40℃まで温めて凝乳を作り、型入れして圧搾機にかけます。24時間後に型から出し、塩[*2]をこすり付けてカーヴに運んで熟成を行ないます。熟成の規定は40日以上。最初は1日に3回ひっくり返しますが、15日目から1日おきの手入れに変わります。次第に茶色っぽくなった表面に、"ポワル・ド・シャ（poils de chat）"と呼ばれる毛カビが生えてきますが、毛カビはこのチーズの熟成にあまりよくないものなので、これを拭いて取り除きます。

　熟成が進むときれいなグレーのカビがチーズの顔を彩ります。さらに熟成が進むと白や黄色や赤茶の艶のあるカビが登場し、トム・デ・ボージュを化粧します。現在、トム・デ・ボージュは、アボンダンス牛、タリーヌ牛、モンベリアルド牛のミルクで作られています。牛は、マシフ・デ・ボージュ自然公園の中で年間120日以上は放牧されることが定められています。飼料については、豆や穀類を1頭当たり年1.5kg以上与えないこと、遺伝子を組み替えた飼料も禁じられています。このような環境で育てられた牛のミルクから生まれたトムは、5週間以上は必ず土地のカーヴで熟成されなければなりません。

[*1] MG 45％までの乳の脱脂は認められている。

[*2] レティエ製とアトリエ製にはソミュール液での加塩も認められている。

《トム（Tome、Tomme）について》

　"トム（Tome、Tomme）"という言葉は、俗ラテン語のトマ（Toma）やギリシャ語のトモス（Tomós）に由来し、"切断"や"分離"を意味しているので、チーズを製造する際の乳の分離によってできる凝固物、すなわちカードを表す言葉であると辞書や専門書に示されています。

　古くから、アルプス、マシフ・サントラル（中央山塊）のチーズはトムと呼ばれてきました。また、ドーフィネ地方の古い方言にもトマ（Toma）という言葉があり、これは平たいチーズを表す言葉として、俗ラテン語以前の土着語の中にすでにあったといわれていることからも、トムは、5世紀を過ぎる頃にはすでにチーズを表す言葉だったと考えることができるでしょう。

　サヴォワ地方では多くの地域でトムが作られてきました。サヴォワを名乗るトム・ド・サヴォワ（P.177参照）を筆頭に、トム・デザリュー（Tome des Allues）、トム・デュ・ルヴァール（Tome du Revard）、トム・ブーダン（Tome Boudane）、トム・ヴォードワーズ（Tomme Vaudoise）などがあります。ドーフィネ地方には、山羊乳製のトム・ド・サン＝マルスラン（Tomme de Saint-Marcellin）をはじめ、トム・デュ・シャンソール（Tome du Champsaur）、トム・ド・コンボヴァン（Tomme de Combovin）などの山羊乳のトムも作られてきました。

　ラングドック地方のヴィヴァレのトムについて、『森の匂いと食卓の香り（Odeurs de Forêt et Fumets de Table）』を書いたシャルル・フォロ（Charles Forot）は、低地ヴィヴァレでのトムの作り方という項の中で、トゥーモ（Toummo）と呼ばれる山羊チーズを作っているパンパネロ（Pinpanello）という知人が、筆者に手紙でトムの作り方について次のように書いていると紹介しています。「ヴィヴァレではミルクを"クーレイル（coulaire）"と呼ばれる布製の漉し器に通します。そして"カイエール（caière）"と呼ばれる大きな壺の中に凝乳酵素を入れて凝乳を作って夏の4時のおやつに食べます。ヴァロンでは、この凝乳のことをレ・ゼキュロ（Les Escullo）と呼んでいます。またサン＝モンタンでは、凝乳を"レ・フェスロ（les fessello）"という土器の型の中で脱水させて作ります。形ができたらその白いチーズを型から出してひっくり返して塩をします。それを半乾燥熟成させたものがトゥーモ・シャルトロ（Toummo Chalustro）です。そして、最後に食べるトムは土地の旬、5月の最上の食べ物になるのです」。フォロはこのパンパネロの手紙に応えて、「数あるトムのなかで、素晴らしいのは低地ヴィヴァレのトム。なぜなら、我が郷土の100種にも及ぶ香り高い植物の匂いがしているのだから。しかし、乳清のトムはすぐに酸っぱくなってしまうため、鮮度が重要」と書き、続けて「私の子供の時分は百姓のご馳走で、じゃがいも、タンポポやノヂシャとフレッシュなトムでサラダを作ったものだ。それはすこぶる美味で、私の知己のある婦人もパリで喜んで食べている」と書いています。このように中央山塊南東の地では、アルデシュやヴィヴァレでも多く作られてきたような乳清のトムが、おそらく古くから農民の食べ物だったのでしょう。

　さて、トムというチーズはこの他にも、ローヌ＝アルプ地方にトム・ド・ペルヴォー（Tome de Pelvoux）やトム・ド・ベレー（Tome de Belley）、コンテ・ド・ニースにトム・ド・ルール（Tome de Rour）などがあり、ドーフィネ地方にもトム・デュ・ヴェルコール（Tomme du Vercore）など多く見られ、サヴォワではトム・シクスト（Tomme Sixt）と呼ばれる何年も寝かせたチーズもあったといわれています。また、南仏でもトムはカードやチーズを表す言葉として現在も使われています。そして、1996年にピレネー地方のトムが、トム・デ・ピレネー（Tomme des Pyrénées）の名称でI.G.P.を認められました。

170 フランスチーズ解説

Tome Fraîche／Aligot
トム・フレッシュ／アリゴ

【牛／生・殺菌】F　オーヴェルニュ＝ローヌ＝アルプ圏カンタル県（15）
大きな直方体 20kg（市販のものはおもに真空パック入りで 200～500g）
MG45%　F・L

　トム・フレッシュは、カンタル (P.62参照)、サレール (P.163参照) またはライオル (P.106参照) を作る時にできた凝乳を圧搾した固まりのことで、アリゴという料理を作るチーズなのでアリゴとも呼ばれています。
　現在のアリゴは、じゃがいもとトム・フレッシュで作る料理ですが、栗の粉をトムと練って作るのが中世の初めからオーヴェルニュ地方に伝わっている食べ方といわれます。

> ＊アリゴ
> 材料（4人分）
> じゃがいも　1kg
> にんにく　1/2片
> 生クリーム　250g（または生クリーム 200g＋バター 50～100g）
> 塩、胡椒　適量
> トム・フレッシュ　400g
>
> 茹で上がったじゃがいもをつぶし、細かく刻んだにんにくを入れる。生クリーム（バター）を入れ、ヘラでよく混ぜる。この時じゃがいもが冷たくならないように注意する。手早くなめらかなピュレを作る。塩、胡椒をし、再びヘラでかき混ぜながら刻んだトム・フレッシュを入れ、温める。もちのように伸びてきたら火からおろし、熱いうちに食べる。
> ※チーズを入れた後、長く火にかけすぎると、チーズが分離してもちのように伸びなくなるので注意。

Tomette Basque
トメット・バスク

【羊／生】PPNC　ヌーヴェル＝アキテーヌ圏ピレネー＝アトランティック県（64）
直径10cm　高さ10cm　700～800g　MG45%　A・C

　フランス南西部、ピレネー山脈の西側の大西洋に面したバスク地方で作られています。バスク地方には、今もバスク語の話者が暮らしており、スペイン自治州も含めて 66 万人の話者がいるといわれています。
　トメット・ド・バスクは、小さな円筒形の羊チーズで、小型に作られたトムなのでトメットと名乗りました。中は引き締まった薄黄色。表面は洗っているのでオレンジ色やサビ色になった表皮はよい熟成の目印です。アルディ＝ガスナ (P.21参照) にもよく似た甘い香りと濃い旨みが、バイヨンヌの生ハムや生のマグロにもよく合います。

山羊乳製。

牛乳製。

Tomme au Marc
トム・オ・マール

【山羊・牛／生・殺菌（P）】PPNC オーヴェルニュ＝ローヌ＝アルプ圏サヴォワ県（73）
直径19〜21cm 高さ5〜6cm 1.7kg MG20〜40%　F・A・L

　トム・オ・マールは独特の香りと風味のチーズで、伝統的にイゼールの谷のぶどう農家で作られてきました。写真のものは農家製で、ぶどうの収穫期から冬の終わりまでが季節です。ちょっと酸っぱい奈良漬けのような香りがあり、酸味もありますが、コクが深くまったりとしています。トムを少し熟成させて、樽にぶどうの搾りかすとチーズとを交互に層に重ねて腐らないようにし、樽の口を粘土などで密閉して2〜3ヵ月熟成させました。風味が増すクリスマス頃から一冬の間食べたといわれています。近年の工場製の多くは、搾りかすは火で燻して乾燥させたものを使っていますが、樽の中で熟成させるものもあります。

　また、イゼールの谷のぶどう畑の近くで作られるトム・デュ・ルヴァール（Tome du Revard）は、マール（ぶどうの搾りかす）に漬け込んで熟成させるものと、表皮を乾かしてからマール酒でこする熟成でグレーに仕上げるものがありました。

Tomme Brûlée
トム・ブリュレ

【羊／生】PPSC ヌーヴェル＝アキテーヌ圏ピレネー＝アトランティック県（64）
直径11cm 高さ12cm 800g MG45%　F・A

　ペイ＝バスク地方は、古くからバスク語の祖先だと考えられる言葉を話す人が住んで、山羊や羊や牛などのチーズが作られていました。そして、そこでチーズ作りをする人々は、チーズを長く保存させるために、その表面を炙っていました。炙ることでチーズが溶けて表皮の細かな気孔を油分が塞ぎ、不要な菌の侵入と酸化を防ぐので、チーズの中に残った水分をよりよい状態で保存することができたと思われます。このように表面を焦がしてから熟成保存するチーズはイタリア・シチリア島にもあり、それらの技法はかなり古くから伝わってきたと思われます。

Tomme de Brebis de Béarn ／ Brebis de Béarn
トム・ド・ブルビ・ド・ベアルン／ブルビ・ド・ベアルン

【羊／生】PPSC　ヌーヴェル＝アキテーヌ圏ピレネー・アトランティック県（64）
直径30cm　高さ8〜10cm　5〜5.5kg　MG不定　F

　ベアルン地方オッソーの国立公園の中にある農家が作っています。オッソー＝イラティ（P.128参照）のような表皮、気孔がやや多く弾力のあるアイヴォリーの中身を持っています。若いものは酸味のあるヨーグルトのような香りが口の中でねっとり溶けて、バターのような味わいもあります。

　この地方にはオッソー＝イラティと名乗ることができないたくさんの羊乳のチーズがあり、それらはそのチーズが作られる村の名で呼ばれたり、「羊のチーズ」、「山のチーズ」とだけ呼ばれています。例えば、山羊乳のものでは、トム・ペイ・バスクやトム・ド・シェーヴルとだけ呼ばれるものがあり、他にもミディ＝ピレネー地方ではトム・ル・ガスコン（Tomme le Gascon、直径20cm　高さ9〜10cm　3〜3.5kg）や、トム・ド・シェーヴル・デュ・タルン（Tome de Chèvre du Tarn）、ルー・ペノル（Lou Pennol®　直径16cm　高さ7cm　1.5kg　F）などが作られています。

　写真のチーズの刻印は、国立公園内に生息する熊の手形をデザイン。羊乳チーズを熟成させる共同のカーヴで、他生産者のものと区別するために付けられたマークです。

市場の羊チーズ。

Tomme de Brebis de Corse
トム・ド・ブルビ・ド・コルス

【羊／生】PPSC　コルス圏コルス＝デュ＝シュド県（2A）
直径19〜20cm　高さ8〜10cm　2.5〜2.6kg　MG45%　F

　コルスにはトム・ド・ブルビ・ド・コルスをはじめ、トム・コルス（Tome Corse）やトム・ド・シェーヴル・コルス（Tome de Chèvre Corse）を名乗る多くのフェルミエ製の羊や山羊チーズがあります。コルジュ・ヴェッチュ（Corsiu Vecchiu）と呼ばれる伝統的な長期熟成チーズは、加熱圧搾したものを5ヵ月以上カーヴで寝かせたもので、ヘーゼルナッツの香りを味わう土地の旨みの詰まったチーズです。

コルスの風景。

Tomme de Cambrai
トム・ド・カンブレ

【牛／生】PPNC　オー＝ド＝フランス圏ノール県（59）
直径22〜25cm　高さ5cm　2〜2.5kg　MG45%　F

　カンブレ地方は中世に大司教区となり、司教座が置かれると、絶対的な権力を誇示して発展していきました。カンブレのサンジェリー（St.Gély）教会には、中世の音楽をルネッサンス音楽へ転換したギョーム・デュファイ（Guillaume Du Fay）が勤めていました。彼はブルゴーニュ楽派を育成したので、カンブレは17世紀までヨーロッパ音楽の中心地でした。

　フランスの北部、ベルギーとの国境に近いカンブレ地方のフェルミエのトムです。1989年からフェルム・ソヴァージュで自然に近い製法で伝統を守って作られてきました。やわらかく弾力のあるパートで、熟成中はビールで表皮を洗っているので、コクのある独特な味を醸し出します。

Tomme de Chèvre Loubières ／ Cabrioulet
トム・ド・シェーヴル・ルービエール／カブリオーレ

【山羊／生】PPNC　オクシタニー圏アリエージュ県（09）
直径20〜21cm　高さ5〜6cm　2〜2.5kg　MG45%　F

ルービエール村の農場、コル・デル・ファシュ・ド・ルービエール（Col del Fach de Loubières）で作られるフェルミエ製です。熟成期間の60日は、ロクーの入った塩水で拭きながらひっくり返しています。山羊の出産期の12月〜2月を除いて生産されます。熟成2〜3ヵ月のものは表皮もやわらかく、弾力のあるシェーヴルチーズです。熟成が進むと表皮は次第に濃い茶色になり、中身も締まったパートになります。色も白っぽいクリーム色から卵色に変化し、旨みも濃くなっていきます。

フェルミエ。

ナンバーで製造日を管理する。

山羊（アルピン種、ザーネン種）。

手前にある白チーズが、奥のオレンジ色のチーズになる。

搾乳。

圧搾。

175

Tomme de Poiset
トム・ド・ポワゼ

【山羊／生】C　ブルゴーニュ＝フランシュ＝コンテ圏コート＝ドール県（21）
直径5〜8cm　高さ3〜4.5cm　100〜300ｇ　MG不定　F

　ブルゴーニュの地酒マールで洗ったシェーヴルを作っている唯一のフェルミエが、かの銘酒ジュヴレ＝シャンベルタン（Gévery-Chambertin）の畑の隣で50頭の山羊を飼うポワゼ（Poiset）農場です。エポワス(P.87参照)のように作られるシェーヴルは、軽いヘーゼルナッツの風味と淡いウォッシュ独特の香りを楽しむチーズです。写真のものはオレンジから褐色の表皮となったやや長い熟成のものですが、食べ頃は3〜4週間の熟成。季節は春から初秋まで。

Tomme de Savoie I.G.P.
トム・ド・サヴォワ

【牛／生・殺菌（T）】PPNC　オーヴェルニュ＝ローヌ＝アルプ圏サヴォワ県（73）、オート＝サヴォワ県（74）　直径18〜21cm　高さ5〜8cm　1.2〜2kg　MG45%〜　F・L

サヴォワ地方のトム。山に暮らす人々の冬のエネルギー源となるよう、しっかりと圧搾し、水分を取った長期保存型で堅牢な表皮を持つものもあります。昔サヴォワでは、クリームからバターを作った後の脱脂乳でチーズを作りました。そのチーズの製法はサン＝ネクテール（P.160参照）にもよく似ていますが、両者の違いはこのトムのほうがより脱水されていること、そして固い皮を作るために湿度の低いカーヴに入れ、表皮を洗いながら熟成させていることです。トム・ド・サヴォワは牛乳製のトムを代表するサヴォワのトムの一つとしてI.G.P. マークを取得しました。現在生産量の85％は無殺菌乳で製造され、15％のものがテルミゼ殺菌乳で作られています。

現在サヴォワのトムにはサヴォワ県の品質保証マークの付いたトム・ラベル・サヴォワ（Label Savoie）があります＊。ラベル・サヴォワはサヴォワ県が品質を認めた農産物に付けて品質保持に努めているものです。

＊以下、8つのチーズがサヴォワマークを認められている。
- Abondance アボンダンス（P.18参照）
- Beaufort ボーフォール（P.24参照）
- Chevrotin シュヴロタン（P.70参照）
- Emmental de Savoie エメンタル・ド・サヴォワ（P.86参照）
- Reblochon de Savoie ルブロション・ド・サヴォワ（P.142参照）
- Tome des Bauges トム・デ・ボージュ（P.169参照）
- Tomme de Savoie トム・ド・サヴォワ
- Raclette de Savoie ラクレット・ド・サヴォワ（P.141参照）

サヴォワの品質保証マーク。

フランスの主な品質保証マーク

A.O.C.／A.O.P.
A.O.C.（左）は、食品の原産地とその品質や特徴が、定められた土地の風土の中で生産されるものであることをフランス政府が認めるもの。これは現在、EUの認めるA.O.P.（右）の前段階のマークとされている（P.14参照）。

I.G.P.
伝統の農産品の維持と品質を保護するために地域の特産品の規定をしたもので、EUが認めたマーク。生産、加工、調整のいずれかが必ず表示された地域で行われることが定められている（P.14参照）。

ABマーク
「Agriculture Biologique（アグリキュルチュール・ビオロジック）」の略で、フランス政府が制定した有機農産物の認証マーク。

Tomme de Yenne
トム・ディエンヌ

【牛／生】 PPNC　オーヴェルニュ＝ローヌ＝アルプ圏アン県（01）
直径11cm　高さ8cm　850g　MG50%　L・C

　1962年創設のイェンヌ・ポルト・ド・サヴォワ酪農協同組合、ラ・ダン・デュ・シャ（La Dent du Chat）で作られているチーズです。タランテーズ牛のミルクを使い、エピセアの棚のカーヴで熟成させます。小型のトメット・ディエンヌ（Tommette de Yenne）は、自然農法で作られたサヴォワのトムのコクを味わうチーズです。また標高1390mにあるこの酪農協同組合では、他にもエメンタル・ド・サヴォワ（P.86参照）やトム・ド・モンターニュ（Tomme de Montagne）などが作られています。

　協同組合の名前「ラ・タン・デュ・シャ」は、"猫の歯"という意味です。放牧場を背にしてそびえる猫山（Mont de Chat）の歯形をした頂から名付けられました。30人の組合員で製造されるチーズは、生産の30%を輸出しています。

Tommette de Corbières
トメット・ド・コルビエール

【羊／生】L　オクシタニー圏アルデシュ県（11）
六角形（対角線 15cm）　高さ 4cm　450 g　MG45%　F

　町の中心が中世の城壁で囲まれた古都、カルカッソンヌと、スペインの国境近い海沿いのペルピニャンの間のコルビエールで作られるトメット・ド・コルビエールは、この地方で作られるワインで洗って熟成させる独特のチーズです。

　120 頭の羊を飼うジャン＝ガブリエルとシャンタル・ドネ（Jean-Gabriel & Chantal Donnet）が作る独特の旨みは、アルコール度数 16 度でシェリーのような風味のグルナッシュ種のワイン（コルビエール）によって生まれます。オレンジ色で六角形のチーズは、南の地方で床に使われるテラコッタのタイルでトメット（Tommette）と呼ばれるものと色も形も大きさもほぼ同じなので、その名を小さなトムの意と合わせてトメットとしました。

Trèfle
トレフル

【山羊／生】C　サントル＝ヴァル・ド・ロワール圏ロワール＝エ＝シェール県（41）
1辺 8～10cm　高さ 3cm　160g　MG23%　F・L

　ル・マンから北東に 40km ほどに広がるペルシュ自然公園で作られています。伝統的にサントル地方の山羊農家はチーズを作ってきませんでしたが、近年製造に携わるグループ農家が誕生しました。ペルシュ自然公園にまたがる 4 つの県の山羊の飼育農家が協同組合を作り、「土地のチーズを作る」という 1999 年に立ち上げたプロジェクトで共同生産を始めました。それがクチコミで広がり、現在は 15 軒の農家が加盟し、異なったトレフル（四つ葉のクローバー）のラベルで市場に出しています。

Tricorne ／ Trois Cornes ／ Sableau
トリコルヌ／トロワ・コルヌ／サブロー

【山羊／生】C　ヌーヴェル＝アキテーヌ圏ドゥー＝セーヴル県（79）、シャラント＝マリティーム県（17）　10〜11cm角　高さ1.5〜2cm　175〜200g　MG28%　F

　ヴァンデの湿地帯は96000haの広がりがあり、19世紀までは舟を地域の交通手段としていました。トリコルヌ・ド・ヴァンデ（Tricorne de Vendée）、またはトロワ・コルヌ（Trois Cornes）は山羊乳製で、ヨーグルトのような独特の香りを味わいます。トリコルヌの"トリ"はケルト語で三角を表す"tori（トリ、トゥリ）"に由来するといわれています。サブロー（砂地の意）の名は、ロワール川の沖積地だったことからか、または灌漑する時に砂をまいて埋め立てたことに由来するのかもしれません。

　トリコルヌは、他にジロンド川の支流のシャラント川流域でも作られていて、そこではトリコルヌ（またはトロワ・コルヌ）・ド・マラン（Tricorne,Trois Cornes de Marans）と呼ばれています。こちらは羊乳を主体にミルクの量によって山羊乳を混ぜて作る全乳のフェルミエ製（8cm角　高さ3cm　200〜250g）で、伝統的にはにんにくや香草を添えて食しました。現在は主に山羊乳で三角形のものが生産されています。

Truffes
トリュフ

【山羊／生】C　プロヴァンス＝アルプ＝コート・ダジュール圏ヴァール県（83）
直径3.5〜4cm　高さ5cm　80〜100g、MG45〜50%　F

　アーモンドの畑で有名だったヴァレンソルは、近年ラベンダー畑が広がる風景が印象的ですが、中世には黒いダイヤモンドとも呼ばれるトリュフの産地で、村は1940年代までモンタニャック・レ・トリュフ（Montagnac les Truffes）と呼ばれていました。

　このシェーヴルは近年のものですが、作られた土地の名産にちなんでトリュフ・ド・ヴァレンソル（Truffes de Valensole）と呼ばれることもあります。地中海から60kmほどのヴェルドン自然公園の中で放牧された山羊は、塩分の多い大地の草の恵みによってよいミルクを生産します。凝乳の水分をきった後に手で形を作ります。そして、丸くトリュフ大にしたものを食用の木炭粉の中で転がして黒い衣を着せ、約15日間熟成させます。しっとりと舌の上で溶け、山羊チーズのほのかな甘さとコクがあり、酸味も爽やかです。

Vacherin d'Abondance
ヴァシュラン・ダボンダンス
【牛／生】L　オーヴェルニュ＝ローヌ＝アルプ圏オート＝サヴォワ県（74）
直径約13cm　高さ3cm　400〜500g　MG不定　F

Vacherin des Bauges
ヴァシュラン・デ・ボージュ
【牛／生】L　オーヴェルニュ＝ローヌ＝アルプ圏オート＝サヴォワ県（74）
直径21cm　高さ4〜4.5cm　約1.4kg　MG不定　F

ヴァシュラン・ダボンダンス

サヴォワ地方のアボンダンスで作られるヴァシュラン・ダボンダンスと、ボージュ山塊で作られるヴァシュラン・デ・ボージュは兄弟チーズです。どちらも1、2軒のフェルミエでのみ作り続けられています。冬から春まで作られる土地だけのチーズで、モン＝ドール（P.116参照）のようにエピセアの枠に入れて熟成させ、その枠に入れたまま市場に運びます。雪深い山の暮しのなかで、アルパージュ（移牧）までの間、冬のミルクを大切に使って作られてきました。表面は塩水だけで洗うので、モン＝ドールのように赤っぽくなく、若いものは薄皮を張ったような感じのくすんだクリーム色です。

＊角錐台形の特徴的な形については、いくつかの説がある。ナポレオンがエジプト遠征に失敗した腹いせにピラミッドの上部をはねたという話は面白いが、信憑性は低い。ルヴルー村の教会の鐘の形を模ったという説などもあるようだ。

Valençay A.O.P.
ヴァランセ

【山羊／生】C　サントル＝ヴァル・ド・ロワール圏アンドル県（36）、アンドル＝エ＝ロワール県（37）、ロワール＝エ＝シェール県（41）、シェール県（18）　底6〜7cm角　上3.5〜4cm角　高さ7〜8cm　110〜250g　MG45%　F・At

　36番目のA.O.C.（1998）を認められたヴァランセは、ロワール川の支流、アンドル川流域で作られ、土地では長く"ルヴルー（Levroux）"と呼ばれていましたが、いつ頃からヴァランセという名称になったかはっきりとしていません。もともとこのチーズは、ヴァランセから南に20kmのルヴルー村で生まれたものでした＊。

　製造に用いられるミルクは、ザーネンまたはアルピン種、もしくはその2種の交配種の全乳です。山羊の飼育環境は、1頭につき8haの広さを求められ、餌料の種類にも細かい規定があります。ミルクやカードについての添加物はもちろん冷凍も禁止されています。山羊からとった凝乳酵素はミルクが18〜25℃の時に添加します。

　凝乳酵素を入れて18時間プレ発酵させた凝乳をルーシュですくって型入れしますが、捏ねたり細かくしたりすることは禁じられています。型入れして20時間脱水した後で、表面に塩を混ぜた木炭粉をまんべんなく付けていきます。そして1〜3日間は自然乾燥させ、その後10℃、湿度75〜95%の熟成庫に置きます。このようにしてヴァランセは少なくとも7日間は熟成させ、カードを作った日から11日を数えてから市場に運ばれます。伝統的には山羊の出産を待って3月半ば頃から万聖節（11月1日）の頃までが季節です。若いものはしっとりとして爽やかな酸味があります。熟成が進むと表面が灰色になり、木の実のようなコクと山羊の旨みが増してきますが、表皮が厚くなる熟成はされません。

Venaco
ヴェナコ

【山羊・羊／生】L　コルス圏オートーコルス県（2B）　12～14cm角
高さ4・6cm　500～700g　MG約45％　F・A

ヴェナコはアジャクシオから単線電車で1時間30分の、コルシカ島の中央にある村の名前です。古くから伝わっていたチーズですが、特定の名前がなく、一般にヴェナケース（Venachese）と呼ばれて小さな農家で作られてきました。型出ししたパートを2週間乾燥させた後、塩水に浸して、次に湿度の高いカーヴで拭きながら4ヵ月熟成させます。

ヴェナコは山羊乳や羊乳で作られるチーズで、若いものはそうきつくなく甘みがありますが、熟成の進んだものはクセのある味わい"コルセ（corsé）"になります。他にもアジャクシオ近郊で作られる表皮を洗ったチーズにバステリカ（Bastelica、山羊・羊）があります。

ヴェナコ駅。

Vendange / Soleil
ヴァンダンジュ／ソレイユ

【牛／生】F　フランス各地　直径7～8cm　高さ6～7cm　200g　MG75％
フロマージュリーメゾン

牛乳製のフレッシュチーズをラム酒にくぐらせたレーズンで飾ったもので、デザートにケーキのように食べられるクリーミーなチーズ。小さなみたらし団子くらいの大きさのものもあり、アペリティフやプラトーを楽しくします。

近年のフロマジュリーメゾンでは、トリュフや木の実、ドライフルーツなどをブリなどの白カビタイプのチーズに挟んだりしたオリジナルチーズを作って、祝日やクリスマスの店頭を飾っています。

183

Vézelay
ヴェズレー

【山羊／生】C　ブルゴーニュ＝フランシュ＝コンテ圏ヨンヌ県（89）
直径6～6.5cm　高さ5.5cmの半球形　120～180g　MG45%　F

　古都ヴェズレーはスペインへの巡礼の拠点としても古くから栄え、「西のシャルトル、東のヴェズレー」といわれていました。近郊の丘にはクリュニー（Cluny）修道院の小修道院ベルゼ＝ラ＝ビル（Berzé-la-Ville）があり、中世の若い修道士の修練の場所でした。中世の面影が残る美しい町で作られるシェーヴルはその風味を今日に伝えています。
　スペインへの巡礼は案内記が書かれるほどに流行しました。巡礼によって救済され、恩恵が得られ、病苦も消えるというような奇跡を信じたい人々は聖地を目指しました。巡礼者の行く道々にはおもてなしのチーズがあったようです。

Vieux-Gris-de-Lille／Gris-de-Lille
ヴュー＝グリ＝ド＝リール／グリ＝ド＝リール

【牛／生・殺菌（P）】PM　オー＝ド＝フランス圏ノール県（59）、
パ＝ド＝カレー県（62）など　13cm角　高さ5～6cm　700g～1kg
※大きさは製造者による　MG45%　F・L

　ピカルディ地方の北部ではいろいろな大きさ、熟成のマロワル（P.114参照）が作られていたと思われ、そのなかで、6ヵ月近く発酵させたものを古いという意味の"ヴュー（Vieux）"と呼んだり、その色から灰色という意味の"グリ（Gris）"と呼んだりしていました。ほとんどが小さな酪農工場で生産されるこのチーズは、マロワルと同じように作られ、塩水に浸けた後、木製の棚で手入れし、熟成させます。その間3ヵ月リネンス菌の働きによって、その表皮はネバネバヌルヌルとしたものになり、チーズの顔を薄い灰色または薄い灰褐色に変化させます。ダンケルクの人たちは、これを濃いコーヒーやジンと合わせて食べるそうです。また、リールの北部ベテューヌの人たちは、この皮を取り二度塩をした後、ジンと練って5～6ヵ月壺で寝かせたフロマージュ・フォール（P.99参照）を作ったり、料理に使ったりしました。初めは土地だけで消費されるものでしたが、20世紀の初めに小さなブームがあり、名前を知られるようになりました。

チーズの買い方、保存の仕方

　チーズと果物は食べ方のよく似た食品です。自分の好みに合った食べ頃を知り、その熟成のものをお求めになるのがよいでしょう。ナチュラルチーズの専門店では、1個売りのカマンベールや山羊チーズを除くほとんどのチーズを試食させてもらえますので、購入を迷った時などは試食をお願いしてみましょう。また、好みや目的などを伝えて、店主やチーズに詳しい売り場の担当者に選んでもらうのも一つの方法です。

　1393年に書かれた『パリの一家長（Le Managier de Paris）』では、年の離れた妻に夫がチーズの選び方で「よいチーズには6つの特徴がある」と言い、ラテン語の言い伝えを諳んじる場面があります。そこでは、

　　　Non Argos nec Helena nec Maria Magdalena
　　　Sed Lazarus et Martinus respondes Pontifici !

「アルゴスでなく、ヘレネでなく、マグダラのマリアでなく、ラザロとマルティニスが教皇に口答えする」と言っています。これでは判示文のようで難しいので、意味のわからない若い妻に夫は、「アルゴスのようにたくさんの眼がなく、トロイのヘレネのように白くなく、マグダラのマリアのように涙にくれず、（ラザロの腫れもののように）厚い皮に覆われているもので、（太った法学者マルティノ・ゴシアが教皇に抵抗したように）へこまないものがよい」と説明しています（A.Dalby）。

　これは、気孔だらけだったり、チーズが作られたばかりで真っ白だったり、乳清がまだ出ている状態であったりしないもの。そして引き締まった中身で、指で押してもへこまず、しっかりと厚い皮ができていて、表皮にカビがある、ある程度に熟成されたチーズを選びなさいと教えていたのです。

　冷蔵庫や真空パックのある現代とこれが書かれた14世紀のフランスでは、チーズを好状態で保存する条件も期間も大きく異なりますし、今よりもずっと熟成の長いものが好まれる傾向にありましたから、これがすべてに正しい選び方だとはいえないでしょうが、当時セミ・ハードのよし悪しを図る目安として、これほど面白くわかりやすい言葉はなかったに違いありません。

　専門店などでは、温湿度管理ができる保冷庫を数台用意し、タイプ別に分けて保存しています。とくに保存状態が問題となるウォッシュタイプのものは、加湿機能をもつ冷蔵庫やワインクーラーなどに入れ、表面が乾燥しないように霧を吹いたり、塩水で拭いたりして手入れをしますが、一般の家庭ではラップをして冷蔵保存し、早めに食べきるようにします。

　コンテやオッソー＝イラティ、ミモレットなどのハードタイプの熟成ものを大きな固まりで求めた場合は、食べる分をカットしたあと、残りはカット面をアルミホイルでぴったりと

平らに包んで、その上からラップを巻いて冷蔵庫のチルド室で保存してください。この方法は、セミ・ハードタイプ、ブルーチーズにも応用できますが、ブルーチーズの場合は切り口に貼るアルミホイルが変質していないかをチェックし、比較的頻繁に取り替えるようにします。

　若めの熟成のチーズはある程度長く楽しみながらいただけますが、どうしても食べきれない時は、セミ・ハードタイプのチーズであれば冷凍して、後日料理に使うこともできます。その場合は、できるだけ早く解凍して使いきってください。

　また、チーズは温度変化を繰り返すことによって、オイルオフして酸化が進むこともあります。山羊や羊などのやわらかいチーズや、カットされたものを持ち運ぶ際は、保冷剤や保冷バッグなどの使用をおすすめします。保存の一番よい状態は、そのチーズが熟成されていたカーヴの環境が理想といわれますが、家庭では乾燥しないように注意して冷蔵庫で保存して、食べる前には果物と同じように室温に戻して、充分にチーズの個性と風味を味わえるようにします。

パリの老舗チーズショップ「アンドルウエ（ANDROUËT）」。

良質なチーズが揃う「キャトルオム（QUATREHOMME）」。

M.O.F. のチーズ熟成士の店「ローラン・デュボワ（Laurent Dubois）」。

パリの市場で見つけたオーヴェルニュのチーズ専門店。

タイプ別熟成管理表

タイプ	一般的な熟成条件	管理保存
フレッシュチーズ ブルス・デュ・ローヴ、 フロマージュ・ブラン、 など	5℃　80〜90% 低めの温度で保存。大きな容器のものはできれば最初に小分けにして、できるだけ空気との接触を避け酸化を防ぐ。	5℃　80〜90%
白カビタイプ ブリ、 カマンベール、 シャウルス、 など	12℃　85% 高湿度で保存。	4〜8℃　92%〜
ウォッシュタイプ（ラヴェ） エポワス、 ラミ・デュ・ シャンベルタン、 ラングル、 など	8〜10℃　85〜90% 乾燥しやすいので手入れをこまめにする。通気孔のあるラップの上から霧吹きなどして高湿度を保つ。	6〜8℃　95%〜
シェーヴル クロタン・ド・シャヴィニョル、 サント・モール・ド・トゥーレンス、 ヴァランセ、 など	6〜8℃　85〜90% 乾燥熟成が基本。水分の多いものは、表皮との間に水分がたまらないように手入れ調整する。温度を高めに流れる熟成を目指すものもある。	4〜6℃　75〜80%
青カビタイプ ロックフォール、 ブルー・デ・コース、 フルム・ダンベール、 ブルー・ドーヴェルニュ、 など	8〜10℃　90〜95% 低温で管理する。熟成中にしみ出てきた水分は拭き取り包み直す。	4〜6℃　90%〜
セミ・ハード／ハード トム・ド・サヴォワ、 ラクレット、 モルビエ、 コンテ、 エメンタル、 グリュイエール、 など	12〜15℃　80〜85% ホールで長期保存をしたいものは温度を低く保ちチーズを眠らせる。カットしたものは断面をアルミホイルなどでぴったりカバーし、その上からラップをして酸化による劣化を防ぐ。	4〜8℃　80〜85%

一般的な熟成条件は、低温で湿度85〜90%とされる。レストランや家庭で保存する場合は、湿度調節できる冷蔵庫またはワインクーラーを応用するなどして管理することが望ましい。

タイプ別・相性のよい和の酒、素材、調味料

タイプ	酒	素材・調味料
フレッシュチーズ	日本酒 焼酎 梅酒など果実酒	醤油　味噌　山椒 柚子胡椒　わさび　鷹の爪 米　海苔　梅　紫蘇　青紫蘇 浅葱　セリ 鰹節　抹茶 胡麻　胡麻油
ウォッシュタイプ 白カビタイプ	日本酒 焼酎 梅酒など果実酒	醤油　味噌　山椒 佃煮　胡麻　胡麻油
シェーヴル	日本酒 焼酎 梅酒など果実酒	醤油　味噌　山椒　柚子胡椒 浅葱　わさび　わさび漬け 鷹の爪　紫蘇　青紫蘇 胡麻　胡麻油
青カビタイプ	焼酎 梅酒など果実酒	醤油　味噌　柚子味噌 浅葱　干し柿　ウド　塩辛
セミ・ハード	日本酒 焼酎 梅酒など果実酒	醤油　味噌　山椒　胡麻　胡麻油 わさび　鷹の爪 ちりめんじゃこ　佃煮　鰹節 米　海苔　梅干し　干し柿　牛蒡
ハード	日本酒 焼酎 梅酒など果実酒	醤油　味噌　山椒　胡麻 胡麻油　わさび　鷹の爪 米　海苔　ちりめんじゃこ 鰹節　佃煮　米　海苔 梅干し　干し柿　牛蒡

生乳か、殺菌乳か？

　生乳か殺菌乳かという議論がされていますが、チーズの美味しさは原料のミルクで決まります。なぜなら、チーズは乳質と風土によって生まれ変わる食べ物だからです。

　原料のミルクのクオリティーには、その動物の飼育環境のよし悪しが大きく影響してきます。ですから、牛、山羊、羊などの種類の違いはもちろんのこと、それぞれどこで、どのような環境を与えられ、いつ放牧され、どんな草や飼料を食べて育ったかということが品質に大きく関与してきます。ここに原産地保護呼称（A.O.P.）に認められたチーズが、産地や動物の種類、飼育法を限定する意味があります。

　ミルクは毎日同じ状態のものが搾乳されるとは限りませんから、農家または製造工場では毎朝のミルクの品質検査は欠かせません。また、原産地保護呼称を認められているチーズは、必ずミルクの質が一定のレベルに達しているかを検査してからバットや鍋に移します。バランスのよい安定したミルクは高価ですが、優れたミルクには力があるといわれているように、活力のある発酵をするのです。

生乳チーズの魅力

　生乳製（無殺菌乳）チーズの原料となるミルクは、いかなる化学的処理も受けていない状態です。したがって、ミルクの中に自然に含まれる風土固有の微生物の働きにより、そのチーズが作られたテロワール[*1]独特の味わいが生まれます。その個性は、熟成により花開き、動物のミルクから作られたのにアルプスの草の香りがしたり、パイナップルやグレープフルーツなど果物の風味がしたりするのです。なんて素敵な食べ物なのでしょう。

　古くからチーズは、自然の乳酸菌発酵による凝固で作られていたのですから、新鮮なミルクを用いて製造し、3ヵ月以上の熟成をすれば、乳を殺菌する必要もなかったのです。生乳は天然のよい菌をたくさん持っていて、そのなかには雑菌の繁殖を防ぐ免疫機能を持った微生物もいて、管理さえよければ衛生面の安全を保つことができました。ですから人体に危険とされるリステリア菌[*2]などは、生乳か殺菌乳かという問題ではなく、ミルクとチーズの製造段階の根本的な衛生管理によるものとされています。

　現在、危険なバクテリアの問題に対して、感染に関して細心の注意を払わなくてはならないとされるウォッシュタイプやカマンベール、シェーヴルなどの工房では、大手の工場と同様にHACCP（P.87 註参照）という衛生管理システムを導入して、EUの厳しい衛生規定に対応しながら、生乳で伝統的なチーズを作り続けています。

　ここに、「生乳か、殺菌乳か？」の問いに答えたピエール・アンドルウエ（Pierre Androuët）氏の言葉があります。

「数多くの失敗の結果、チーズの製法を完成させ、改良することに成功したのは、慎ましい農婦、無口な修道士たちである。現代の技術は全部、チーズの凝固、熟成、発酵というかつては確かめられなかった自然発生的な現象を随意に再現し、体系化することが可能になったことに基づいている。酪農の科学は、パストゥールが乳酸発酵の原理を発見して以来、非常に高水準の知識に到達したにも関わらず、専門家は必ずしもその段

階に達しているわけではない。

　我々の先祖が、我々の周囲にある自然の力がチーズの風味を条件づけ、その産地や土壌が影響してそれぞれのチーズの個性を決定していると考えたことは正しい。今日では、経済上、衛生上、あるいは技術上の理由から乳を殺菌している。何人といえども、僭越にもこの世の進歩を阻止する権利があると称することはできないのだから、この方法を非難するのは私の権限ではない。しかし、乳からその主要な細菌要素を取り去って、それに代えて、研究室で選択し、画一化した別の要素を持ってするのは、その進歩の一つであろうか。このように、生命の本源を奪い取られた乳を、他の化合物で復元すべしということは、世の利益となるであろうか。現代酪農品のあの味のなさは、原初の製品の持っていた、あのたくましい風味に対する進歩といえるだろうか。（略）

　よい趣味の人々の心に際立った思い出を残すのは、むしろ1815年のウィーン会議でメッテルニヒが『チーズの王様、デザートの第一位——Prince fromages et premier des desserts』と宣言したほどの、そしてそこに集まった欧州の外交官たちが賞讃せずにはいられなかった、ヴィルロワ村のエストゥルヴィルという農家で作られたブリのような、伝統と歴史の中に定着した製品である」

殺菌乳チーズの特徴

　では、殺菌乳のチーズはまったく菌がなくなってしまうかというとそうではなく、30％ほどは残ってチーズの風味を醸し出す手助けをしています。殺菌されたミルクで作られたものは保存性が高く、やさしい風味で食べやすいチーズが多く、料理などにも使いやすいのが特徴です。また、ブルーチーズに関しては、殺菌乳で作られたものが多いですが、独特のよい風味を醸し出しています。ヨーロッパでは無殺菌乳で作られているチーズも多く、フランスやイタリアのチーズの40％は生乳で生産されていますが、日本ではすべてのミルクに殺菌が義務付けられています。

　風味を伝統技術で守る生乳製か、保存性の高い殺菌乳チーズか。いずれを選ぶかは味の好みと使い方ですから、予算に応じ、T.P.O. に合わせてチーズを選び、楽しいテーブルを演出してください。

＊1　テロワール（Terroir）：テロワールとはフランス語で土壌のこと。土壌がその土地固有の風味や産物を生み出すと考える。
＊2　リステリア菌（枯れ草菌）：空気中のどこにもある菌で、加熱、殺菌すれば問題はない。感染しても健康な子供や大人は発病しないことが多いが、妊婦や乳児、高齢者などでは命に関わることもあるので、厳しくチェックされている。

チーズと健康 —— チーズが命の食である訳

　オーヴェルニュの朝、丘の上のサレール牛は露が輝く草を食んでいます。別の所で柵に囲っていた子牛を母親のいる所へ連れていくと、すぐその乳にむしゃぶりつきます。そこでちょっとだけ吸わせてから離し、親の前脚に子を縛り付けて子牛を親に見せながら搾乳を始めます。これは人が搾乳しようとしても牛がどうしても乳を出さなかったので考えられた搾乳法で、メソポタミア文明の遺跡のレリーフにも見られる姿です。オーヴェルニュの山では、サレール牛のミルクを使った山小屋でのチーズ作りが守られていますが、古くからこうして人は蹄足類の乳で命をつないできました。

　チーズは人が作り得たあらゆる食品のなかで、最も価値のあるものだといわれます。日本でも飛鳥時代、大陸からの帰化人で搾乳術を伝授した智聡の息子の善那が牛乳を献上した際に、孝徳天皇が善那に和薬使主（やまとのくすしのおみ）という姓を与えていることからも、牛乳や乳製品は珍重されていたことが知られています。また平安時代に書かれた最古の医学書として伝えられる『医心方』にも、ミルクの加工品 " 酪、蘇、醍醐 " は体の衰弱を回復させ、通じをよくし、肌を艶やかにするとその効能が書かれています。

　山羊乳、羊乳、牛乳、水牛乳、ヤクやトナカイのミルクは、優れた栄養食品として世界各地で古くからその利用が確認されています。乳には良質なタンパク質とカルシウムが豊富に含まれていて、栄養という食品の一次機能ばかりでなく、嗜好性（味覚）としての二次機能と、食品中にある有害なものを中和解毒し体の調整をするという三次機能もあるのです。また、タンパク質には細胞の増殖を促進する因子も含まれていますが、それは成長を助けるばかりでなく、細胞の損傷も修復するポリペプチドというアミノ酸の結合体で、初乳中に最も多いとされています。そしてチーズは、ミルクの持つタンパク質のなかでもとくに母乳に多いラクトフェリンが豊富で、必要に応じて体内に鉄分を運ぶ役目をしています。

　世界の長寿地域の人々は、牛乳や乳製品を毎日飲食しているというデータもあるように、チーズやヨーグルトの中にある乳酸菌は、腸内の善玉菌を増やし、有害物質を減らす作用があるので、自然免疫力を高めて健康を助け、発がん物質を排泄したり、インフルエンザなどのウイルス感染価を低下させることなどがわかっています。またそれらの働きの他にも、血圧の調整をするペプチドの働きなどによる生活習慣病の予防や、チーズの中のカゼインタンパク質が消化される時にできる、カゼインホスホペプチド（CPP）による鉄の吸収とカルシウムの吸収が、骨粗鬆症の予防と放射線の蓄積予防にも効果的であることが注目されています。

　長寿人口の多い我が国で、老若男女が健康で若々しく暮らしていくために、チーズなどの乳製品を毎日食べて、血液中のカルシウムの濃度を一定にするよう気を配りたいものです。なぜなら、血液中のカルシウムは蓄積できないので、定期的に摂取しないと、人の体内の99%のカルシウムが蓄えられている骨や歯からそれを補うようになり、欠乏

すると心臓や脳の働きが悪くなり、ホルモンの分泌や筋肉などの機能が充分でなくなるため、健康な体を維持できなくなるからです。

　チーズに含まれるカルシウム濃度は、牛肉の 400 倍以上という非常に高い数値を示しています。そして熟成中のチーズの各酵素の働きによって、タンパク質はアミノ酸にまで分解され、そこで強く結合しているカルシウムとともにその吸収力が高められるのです。ミルクという液体から 1/10 の固体に凝縮され、消化吸収をよくしたチーズは、必須アミノ酸をバランスよく含み、脂肪、糖質、ビタミン A、B2、ミネラルなど、人にとって生命を維持するために大切な栄養素と、体のバランスを保つために必要なカルシウムなどを含んだ、ほぼ完全な栄養食なのです。

　ストレスの多い現代社会を健康で生き抜くためにも、高齢化が進み深刻なカルシウム不足に悩む方々にも、チーズはまさに命の食品といえるでしょう。

サレール牛の搾乳の様子。オーヴェルニュの山で。

チーズはなぜイエスの祭壇に捧げられなかったのか？

　キリスト教の聖なる儀式には欠かせないのがワインとパンですが、宗教的な意味は別として、三位一体とも称され、食されるワインとパンとチーズだというのに、チーズについては聖書にはほとんど記述がなく、また祭壇にも捧げられた気配がありません。古くから人々の命の糧となり、作られ続けてきた食物遺産というべきチーズが、どうして神に捧げられることがなかったのでしょうか。

　シュメール文明では、イナンナ女神に「捧げ物」としてチーズが納められていました。エーゲ海に台頭したミケーネ人は、多くの神々を信仰していたことが知られていますが、海神ポセイドンなどへの捧げ物のなかにチーズがあり、宗教儀式のなかの宴会で食されていたようです。また、古代ギリシャでは、神にフェタ（Feta）のような白いチーズを捧げたことがわかっています。

　キリストに捧げられないのは、カビが生えているから、くさいからかしら、と長い間不思議に思っていて、わからなかったその秘密を解く鍵を聖書の中の「種入れぬパン」に見つけました。出エジプト記によれば、「正月14日の夕方から21日の夕刻までの7日間は、パン種を入れないパンを食べる。家の中にパン種があってもならない」と記しています。

　なぜパン種を入れたパンが忌み嫌われたのか。人々がパン種の入ったパンを神に捧げなかった理由は、どうやらその発酵に原因があったようです。臼井隆一郎氏はその著書『パンとワインを巡り 神話が巡る』の中で、「あなたたちは除酵際を守らねばならない」という出エジプト記の「種入れぬパン」に、イスラエルの民が持つ発酵して変化するものへの忌避の念を明らかにし、また「主に捧げる穀物の捧げ物はすべて、酵母を入れて作ってはならない。酵母や蜜の類は一切、燃やして主に捧げるものとして煙にしてはならないからである」（レビ記2-4）、「穀物の捧げ物にはすべて塩をかける。あなたの神との契約の塩を捧げ物から絶やすな。捧げ物にはすべて塩をかけて捧げよ」（レビ記2-13）と聖書の言葉を引き、古代から食文化における大きな問題は腐敗への対処であり、いかに腐敗速度を調節し、腐敗そのものを利用するかが人類の課題であったと定義しています。そして、レビ記に見られるようにイスラエルの民は塩の純潔を好んだと説き、どのように完全に屠られ料理されたものにせよ、あらゆる食物の逃れがたい宿命として腐敗があり、発酵したパンも腐敗した物の一つとして捉えています。なぜなら、酵母菌の働きによって膨らみ、すっかりもとの形を変えてしまうパンの怪異現象とも思える状態を説明できるのは「腐敗」という言葉であったためとし、形を変えるもの＝腐敗するものはタブーであったのだと結論づけています。

　乳や蜜を神に捧げなかったのも、乳は乳酸菌が繁殖し、ヨーグルトは発酵の途中であり、腐敗と見なさなければならない。蜜も発酵し、変化するので腐敗するものと見なしたからであろうと考察しています。ぬるぬると光ってくさかったり、カビが生えていたり、時には虫が巣くっているようなチーズは、ただでさえ発酵を嫌う神への捧げ物にはなり得

なかったでしょう。
　ヨーロッパを席巻したキリスト教は、様々な文化、人種、言語の人々に伝道するために、経典と儀式を同一のものにしなければなりませんでしたので、それに翻意を唱える者を異端とし、統一組織を巨大化していきました。
　ところが、新しい預言者を名乗るモンタヌスを教祖とするモンタヌス派が小アジアに現れ、急速にその教徒を増やして広がっていきました。2世紀半ばに興ったこの宗派が、聖餐式でパンの代わりにチーズを用いましたので、イエスの教えに対する直接的な挑戦であるとして非難されたといわれています。また、そればかりでなく、教徒が支離滅裂な発話をしたり、シャマンのトランス状態で発声する様子からも危険視されていたと伝えられています。そこで、最後の晩餐の教えを遵守するために、キリスト教ではチーズを儀式に用いることはなくなっていったと考えられるようです。

古代ギリシャの神々に捧げられたと思われる白いチーズ、フェタ（Feta）。

索 引 （アルファベット順）

A
Abbaye de Belloc 018
Abbaye de Cîteaux 071
Abbaye de Tamié 167
Abbaye Notre-Dame de Timadeuc 168
Abondance 018
A Filetta® 089
Aisy-Cendré 020
Aligot 171
Apérobic 020
Ardi-Gasna 021

B
Banon 022
Banon à la feuille 022
Baratte 023
Barousse 024
Beaufort 024
Bethmale 026
Bigulia 026
Bleu d'Auvergne 028
Bleu de Bresse 028
Bleu de Gex 029
Bleu de Laqueuille 030
Bleu des Causses 030
Bleu de Septmoncel 029
Bleu de Termignon 031
Bleu du Haut-Jura 029
Bleu du Vercors-Sassenage 032
Bonde de Gâtine 033
Bonjura 034
Bouchon 034
Bouchon de Sancerre 034
Boule de Lille 115
Boulette d'Avesnes 035
Boulette de Cambrai 035
Boursault 036
Boursin® 036

Bouton de Culotte 037
Bouton d'Oc 037
Brebis de Béarn 173
Brebis de Cavalerie 027
Brebis de Corse 026
Brebis de Montlaux 027
Brebis de Perrusson 027
Brebis des Dombes 027
Brebis du Meyrueis 027
Brebis du Pays Grassois Province 027
Bresse Bleu® 028
Brie de Coulommiers 081
Brie de Malesherbes 038
Brie de Meaux 038
Brie de Melun 042
Brie de Montereau 044
Brie de Nangis 045
Brie de Nanteuil 045
Brie Noir 045
Brillat-Savarin® 046
Brin d'Amour® 047
Brique du Forez 048
Brisego 048
Brise-Goût 048
Brocciu 049
Brocciu Corse 049
Brossauthym 052
Brousse 052
Brousse du Rove 053
Brousser 052
Bûche 053
Bûchette 053
Bûchette d'Anjou 054
Butte de Doue 054

C
Cabécou 055
Cabécou de Rocamadour 145

Cabécou Feuille 055
Cabra Corsa 055
Cabrion 037
Cabrion du Forez 048
Cabrioulet 175
Cabris Ariégeois 056
Cacheia 057
Cacheille 057
Caillé de Canut 057
Caillé Maison 058
Calenzana 059
Camembert Affine au Calvados 059
Camembert au Cidre 059
Camembert de Normandie 060
Cancoillotte 062
Cantal 062
Capri Lezéen 063
Carcan du Tarn 064
Carré de l'Est 064
Cathare 065
Cendré de Champagne 066
Cervelle de Canut 057
Chabichou du Poitou 067
Chambarand 068
Chaource 068
Charolais 069
Chavignol 083
Chevrotin des Aravis 070
Cîteaux 071
Cœur à la Crème 075
Cœur de Chèvre du Tarn 075
Cœur de Rollot 146
Comté 076
Comtesse de Vichy 080
Corcica® 080
Coulommiers 081
Crémeux du Mont Saint-Michel 082
Crottin de Chavignol 083

Curé Nantais 084

D
Dauphin 085
Dreux à la Feuille 085

E
Echourgnac 086
Emmental de Savoie 086
Emmental Français Est-Central 086
Epoisses 087
Explorateur® 088

F
Faisselle 088
Feuille de Dreux 085
Filetta 089
Fleur du Maquis 047
Fondue 089
Fondus Fromages 089
Fontainebleau 091
Fouchtra 091
Fougerus® 092
Fourme d'Ambert 093
Fourme d'Ambert aux Coteaux du Layon 094
Fourme d'Aurillac 094
Fourme de Cantal 062
Fourme de Montbrison 094
Fourme de Rochefort-Montagne 096
Fromage Blanc 075
Fromagée 098
Fromage Fort 099

G
Galette 100
Galette de la Chaise-Dieu 100
Gaperon 101
Gasconnades 101

197

Gris-de-Lille 184
Gros Lorrain 102
Grôu du Bâne 102
Gruyère 103
Gruyère de Beaufort 024

J
Jonchée 103

L
La Butte 054
Laguiole 106
L'Ami du Chambertin® 108
Langres 108
Laruns 109
Lavort 110
Le Grand Murols 125
Les Apéro'Biques 020
Lisieux 111
Livarot® 112
Lusignan 148

M
Mâconnais 113
Maroilles 114
Marolles 114
Mimolette Française 115
Moelleux du Revard 115
Mont-d'Or 116
Montrachet 118
Mont Ventoux 120
Morbier 122
Mothais 123
Mothais à la Feuille 123
Munster 124
Munster-Géromé 124
Murol 125
Murolait 125

N
Neufchâtel 126
Niolin 127
Niolo 127

O
Olivet 127
Ossau-Iraty 128

P
Pavé Blésois 129
Pavé d'Auge 130
Pélardon 131
Pérail 132
Pérail de Brebis 132
Persillé de Tarentaise 133
Persillé de Tignes 133
Petit Suisse 134
Picodon 134
Pierre-qui-Vire 136
Pierre-Robert® 136
Pithiviers au Foin 137
Pont-l'Évêque 138
Port-du-Salut 140
Port-Salut® 140
Pouligny Saint-Pierre 140

R
Raclette 141
Raclette de Savoie 141
Ramoun 024
Reblochon 142
Reblochon de Savoie 142
Rigotte 143
Rigotte de Condrieu 144
Rocamadour 145
Rochebaron 146
Rollot 146

Roncier 147
Rond de Lusignan 148
Roquefort 149
Rouelle du Tarn 153
Rouy® 153
Roves des Garrigues 154

S
Sableau 180
Sainte-Maure de Touraine 154
Saint-Félicien 156
Saint-Florentin 158
Saint-Julien aux Noix 158
Saint-Marcellin 159
Saint-Nectaire 160
Saint-Nicolas 162
Saint-Nicolas de la Dalmerie 162
Saint-Paulin 162
Salers 163
Sancerre 165
Sancerrois 165
Selles-sur-Cher 165
Soleil 183
Soumaintrain 166

T
Tamié 167
Taupinière Charentaise® 168
Timadeuc 168
Tome des Bauges 169
Tome Fraîche 171
Tomette Basque 171
Tomme au Marc 172
Tomme Brûlée 172
Tomme de Brebis de Béarn 173
Tomme de l'Iséran 110
Tomme de Brebis de Corse 174
Tomme de Cambrai 174

Tomme de Chèvre Loubières 175
Tomme de Poiset 176
Tomme de Savoie 177
Tomme de Yenne 178
Tommette Basque 171
Tommette de Corbières 179
Trappe d'Echourgnac 086
Trappiste de Chambarand 068
Trèfle 179
Tricorne 180
Trois Cornes 180
Trou du Murol 125
Truffes 180

V
Vacherin d' Abondance 181
Vacherin des Bauges 181
Vacherin du Haut-Doubs 116
Valençay 182
Venaco 183
Vendange 183
Vézelay 184
Vieux-Gris-de-Lille 184

索 引（五十音順）

ア

ア・フィレタ　089
アベイ・ド・シトー　071
アベイ・ド・タミエ　167
アベイ・ノートルダム・ド・ティマドゥーク　168
アベイ・ド・ベロック　018
アペロビック　020
アボンダンス　018
アリゴ　171
アルディ＝ガスナ　021
ヴァシュラン・ダボンダンス　181
ヴァシュラン・デ・ボージュ　181
ヴァシュラン・デュ・オー＝ドゥー　116
ヴァランセ　182
ヴァンダンジュ　183
ヴェズレー　184
ヴェナコ　183
ヴュー＝グリ＝ド＝リール　184
エクスプロラトゥール　088
エジィ＝サンドレ　020
エシュルニャック　086
エポワス　087
エメンタル・ド・サヴォワ　086
エメンタル・フランセ・エスト＝サントラル　086
オッソー＝イラティ　128
オリヴェ　127

カ

カイエ・ド・カヌゥ　057
カイエ・メゾン　058
ガスコナード　101
カタル　065
カッシェイア　057
カッシュイユ　057
カブラ・コルサ　055
カブリ・アリエジョワ　056
カブリオーレ　175

カブリオン　037
カブリオン・デュ・フォレ　048
カブリ・ルゼアン　063
ガプロン　101
カベクー　055
カベクー・ド・ロカマドール　145
カベクー・フィユ　055
カマンベール・アフィネ・オ・カルヴァドス　059
カマンベール・オ・シードル　059
カマンベール・ド・ノルマンディー　060
ガレット　100
ガレット・ド・ラ・シェーズ＝デュ　100
カレ・ド・レスト　064
カレンザーナ　059
カンコワイヨット　062
カンタル　062
キャルカン・デュ・タルン　064
キュレ・ナンテ　084
クール・ア・ラ・クレーム　075
クール・ド・シェーヴル・デュ・タルン　075
クール・ド・ロロ　146
グリ＝ド＝リール　184
グリュイエール　103
グリュイエール・ド・ボーフォール　024
クレムー・デュ・モン・サン＝ミシェル　082
グロー・デュ・バーヌ　102
クロタン・ド・シャヴィニョル　083
クロミエ　081
グロ・ロラン　102
コルシカ　080
コンテ　076
コンテス・ド・ヴィシー　080

サ

サブロー　180
サレール　163
サン＝ジュリアン・オ・ノワ　158

サンセール　165
サンセロワ　165
サント＝モール・ド・トゥーレーヌ　154
サンドレ・ド・シャンパーニュ　066
サン＝ニコラ　162
サン＝ニコラ・ド・ラ・ダルムリ　162
サン＝ネクテール　160
サン＝マルスラン　159
サン＝フェリシアン　156
サン＝フロランタン　158
サン＝ポーラン　162
シトー　071
シャヴィニョル　083
シャウルス　068
シャビシュー・デュ・ポワトゥー　067
シャロレ　069
シャンバラン　068
シュヴロタン・デザラヴィ　070
ジョンシェ　103
スーマントラン　166
セルヴェル・ド・カヌゥ　057
セル＝シュル＝シェール　165
ソレイユ　183

タ
タミエ　167
ティマドゥーク　168
ドーファン　085
トメット・ド・コルビエール　179
トメット・バスク　171
トム・オ・マール　172
トム・ディエンヌ　178
トム・デ・ボージュ　169
トム・ド・カンブレ　174
トム・ド・サヴォワ　177
トム・ド・シェーヴル・ルービエール　175
トム・ド・ブルビ・ド・コルス　174

トム・ド・ブルビ・ド・ベアルン　173
トム・ド・ポワゼ　176
トム・ド・リゼロン　110
トム・ブリュレ　172
トム・フレッシュ　171
トピニエール・シャランテーズ　168
トラップ・デシュルニャック　086
トラピスト・ド・シャンバラン　068
トリコルヌ　180
トリュフ　180
ドルー・ア・ラ・フィユ　085
トルゥー・デュ・ミュロル　125
トレフル　179
トロワ・コルヌ　180

ヌ
ニオラン　127
ニオロ　127
ヌシャテル　126

ハ
パヴェ・ドージュ　130
パヴェ・ブレゾワ　129
バノン　022
バノン・ア・ラ・フィユ　022
バラット　023
バルース　024
ピエール＝キ＝ヴィール　136
ピエール＝ロベール　136
ビグリア　026
ピコドン　134
ピティヴィエ・オ・フォワン　137
ビュシェット　053
ビュシェット・ダンジュー　054
ビュッシュ　053
ビュット・ド・ドゥー　054
フィユ・ド・ドルー　085

201

フィレタ　089
フージュル　092
プーリニ・サン=ピエール　140
ブール・ド・リール　115
ブーレット・ダヴェンヌ　035
ブーレット・ド・カンブレ　035
フェセル　088
フォーシュトラ　091
フォンテーヌブロー　091
フォンデュ　089
フォンデュ・フロマージュ　089
ブション　034
ブション・ド・サンセール　034
プティ・スイス　134
ブトン・ド・キュロット　037
ブトン・ドック　037
ブラン・ダムール　047
ブリア=サヴァラン　046
ブリス=グー　048
ブリスゴ　048
ブリ・ノワール　045
ブリック・デュ・フォレ　048
ブリ・ド・クロミエ　081
ブリ・ド・ナンジ　045
ブリ・ド・ナントゥイユ　045
ブリ・ド・マルゼルブ　038
ブリ・ド・ムラン　042
ブリ・ド・モー　038
ブリ・ド・モントロー　044
ブルー・デ・コース　030
ブルー・デュ・ヴェルコール=サスナージュ　032
ブルー・デュ・オー=ジュラ　029
ブルー・ドーヴェルニュ　028
ブルー・ド・ジェクス　029
ブルー・ド・セットモンセル　029
ブルー・ド・テルミニョン　031
ブルー・ド・ブレス　028

ブルー・ド・ラクイーユ　030
フルール・デュ・マキ　047
ブルサン　036
ブルス　052
ブルス・デュ・ローヴ　053
ブルソー　036
ブルビ・デ・ドンブ　027
ブルビ・デュ・ペイ・グラソワ・プロヴァンス　027
ブルビ・デュ・ミュルイ　027
ブルビ・ド・カヴァルリ　027
ブルビ・ド・コルス　026
ブルビ・ド・モントロー　027
ブルビ・ド・ベアルン　173
ブルビ・ド・ペリュソン　027
フルム・ダンベール　093
フルム・ダンベール・オー・コトー・デュ・レイヨン　094
フルム・ドーリヤック　094
フルム・ド・カンタル　062
フルム・ド・モンブリゾン　094
フルム・ド・ロッシュフォール=モンターニュ　096
ブレス・ブルー　028
ブロウス　052
ブロッソータン　052
ブロッチュ　049
ブロッチュ・コルス　049
フロマージュ・フォール　099
フロマージュ・ブラン　075
フロマジェエ　098
ベツマル　026
ペライユ　132
ペライユ・ド・ブルビ　132
ペラルドン　131
ペルシエ・ド・タランテーズ　133
ペルシエ・ド・ティーニュ　133
ボーフォール　024
ポール=サリュー　140
ポール=デュ=サリュー　140

ボンジュラ　034
ボンド・ド・ガティーヌ　033
ポン＝レヴェック　138

マ

マコネ　113
マロル　114
マロワル　114
マンステル　124
マンステル＝ジェロメ　124
ミモレット・フランセーズ　115
ミュロル　125
ミュロレ　125
モエルー・デュ・ルヴァール　115
モテ　123
モテ・ア・ラ・フィユ　123
モルビエ　122
モン・ヴァントー　120
モン＝ドール　116
モンラッシェ　118

ラ

ライオル　106
ラヴォール　110
ラクレット　141
ラクレット・ド・サヴォワ　141
ラ・ビュット　054
ラミ・デュ・シャンベルタン　108
ラモウン　024
ラランス　109
ラングル　108
リヴァロ　112
リゴット　143
リゴット・ド・コンドリュー　144
リジュー　111
リュジニャン　148
ルイ　153

ルウェル・デュ・タルン　153
ル・グラン・ミュロル　125
ルブロション　142
ルブロション・ド・サヴォワ　142
レ・ザペロビク　020
ローヴ・デ・ガリッグ　154
ロカマドール　145
ロックフォール　149
ロッシュバロン　146
ロロ　146
ロンシエ　147
ロン・ド・リュジニャン　148

203

参考文献・資料

"Auvergne, Terre de Fromages"
Monique Roque, Pierre Soissons／Quelque Part sur Terre 1997

"Cattle History, Myth, Art"
Catherine Johns／The British Museum Press 2008

"Cheese : A Global History"
Andrew Dalby／Reaktion Books 2009

"Femmes, Energie invisible du développement"
Stéphqnie Cabbio,Umbert Angello, Devora Avollo, Giseppe Licitra／CoRFiLac 2008

"Fromages d'Aujourd'hui"
Patrice Dard, Jean-Claud Turlay／Robert Laffont 1992

"Fromages des Pays du Nord"
Philippe Olivier／Taillandier Jean-Pierre 1998

"Fromages du monde"
Rolande Barthélemy, Arnaud Sperat-Czar／Hachette 2001

"Guide de l'Amateur de Fromages"
Marie-Anne Cantin／Albin-Michel 2013

"Guide du Fromage"
Roland Barthélemy, Arnaud Sperat-Czar／Hachette 2003

"Guide to Cheeses of France"
William Stobbs, Philippe Olivier／Oregon Press Ltd.1984

"La France Fromages de A.O.C."
Bruno Auboiron, Gilles Lansard／Édisud 1997

"Larousse des Fromages"
Robert J.Courtine／Larousse 1973

"Le Brie"
Pierre Androuët, Yves Chabot, Gérard Bernini／Presses du Village 1997

"Le Dictionnaire des Fromages du Monde"
Pierre Androuët／Le Cherche Midi 2002

"Le Fromage"
Christian Janier／Édition Stéphane Bachès 2014

"Le Grand Livre des Fromages—The World Encyclopedia of Cheese"
Anness Publishing Ltd.／Édition Minerva 1998

"Le Livre d'Or du Fromage"
Pierre Androuët／Atlas 1984

"Le Monde des Fromages"
Sylvie Girard／Hatier 1994

"Le Picodon—un fromage dans les étoiles"
Claire Chastan, René Mannent／Syndicat du Picodon 2003

"Les Fromages"
Gilbert Delos／Time-Life Book 1997

"Les Fromages"
Robert J.Courtine／Larousse 1987

"Le Guide des Fromages"
Michel Barberousse,Christian Heinrich, Catherine Payen, Jean-Jacques Raynal／Édition Milan 1999

"Salers（Un Produit, un Paysage）"
Julie Deffontaines／Les Éditions de l'Épure 2007

"The French Cheese Book"
Patrick Rance／Macmillan Publishers 1989

"Une Industrie Pastorale Le Roquefort"
Confédération Générale de Producteurs de Lait de Roquefort／Lallemand,Éditeur

『ギリシャ語辞典』 古川晴風編　大学書林　1989

『ケルト人―蘇るヨーロッパ〈幻の民〉』 クリスティアーヌ・エリュエール（Christiane Eluère）著
　　　鶴岡真弓監修　田辺希久子・湯川史子・松田廸子訳　創元社　1994

『古代メソポタミアの神々　世界最古の「王と神の饗宴」』
　　　三笠宮孝仁監修　小林登志子・岡田明子著　集英社　2000

『古代ローマの饗宴』 エウジェニア・サルツァ・プリーナ・リコッティ（Eugenia Salza Prina Ricotti）著
　　　武谷なおみ訳　平凡社　1991

『食卓の文化誌』 石毛直道著　岩波書店　2004

『食べものからみた聖書』 河野友美著　日本基督教団出版局　1984

『チーズと文明』 ポール・キンステッド（Paul S.Kindstedt）著　和田佐規子訳　築地書館　2013

『チーズのきた道』 鴇田文三郎著　講談社　2010

『乳一万年の足音（食の科学選書）』 鴇田文三郎著　光琳　1992

『乳の科学』 上野川修一編　朝倉書店　1996

『乳利用の民族誌 ―Ethnographical aspects of dairying in Non-European societies』
　　　石毛直道・和仁皓明・雪印乳業株式会社健康生活研究所編　中央法規出版　1992

『中世ヨーロッパ 食の生活史』 ブリュノー・ロリウー（Bruno Laurioux）著　吉田春美訳　原書房　2003

『伝統ヨーロッパとその周辺の市場の歴史（市場と流通の社会史 1）』
　　　山田雅彦編（著者・山田雅彦、大宅明美、他）　清文堂出版　2010

『テンプル騎士団』 レジーヌ・ペルヌー（Regine Pernoud）著　橋口倫介訳　白水社　1977

『ノルマン民族の謎―海賊ヴァイキングの足跡』
　　　グスタフ・ファーバー（Gustav Faber）著　片岡哲史・戸叶勝也訳　三修社　2001

『パンの文化史』 舟田詠子著　講談社学術文庫　2013

『フランス食卓史』 レイモン・オリヴェ（Raymond Olive）著　角田鞠訳　人文書院　1980

『フランス 食の辞典』 日仏料理協会編　白水社　2007

『フランスの中心 ブルゴーニュ 歴史と文化』 響庭孝男編　小沢書店　1998

『フロマージュ』 磯川まどか著　柴田書店　2000

『フランスチーズ―A.O.C. から始めるフロマージュの旅』 磯川まどか著　駿河台出版社　2002

『パンとワインを巡り 神話が巡る』 白井隆一郎著　中央公論社　1995

『パンの歴史』 ウィリアム・ルーベル（William Rubel）著　堤理華訳　原書房　2013

『牧夫の誕生』 谷 泰著　岩波書店　2010

『ホメロス　オデュッセイア（上）』 ホメロス著　松平千秋訳　岩波書店　1994

『メソポタミア―文字・理性・神々』 ジャン・ボテロ（Jean Bottéro）著　松島英子訳　法政大学出版局　1998

『料理の起源』 中尾佐助著　吉川弘文館　2012

「古代ギリシャ人と食物 ―神話に見る食の思想」(Vesta1991,4)　吉田敦彦

「ブルガリア中央部、バルカン山脈地域における乳加工体系」
　　　（ミルクサイエンス 60 巻（2011）2 号）平田昌弘、ヨトヴァ・マリア、内田健次

「ブルガリア南西部の乳加工体系」
　　　（ミルクサイエンス 59 巻（2010 年）3 号）平田昌弘、ヨトヴァ・マリア、内田健次、元島英雅

「ユーラシア大陸の乳加工技術と乳製品：第 13 回仮説『乳文化の一元二極化説』」
　　　（2012）（New Food Industry 54 巻）　平田昌弘

● I.N.A.O. 公式サイト　http://www.inao.gouv.fr/

つぶやき —— あとがきにかえて

　薄くカットされ、リモージュの皿に盛り付けられたチーズとサラダ。見た目にも美しいレストランの一品は、おつにすましたよそいきのチーズです。しかし、山小屋で食べるチーズには、人として生きるための食べ物の原点は何かという問いの答がいつもあるように思います。寒い山のもてなしで、スープにとっておきのチーズと固いパンにかじりつく幸せ。それはなんと、けれんみのない素直な人の姿でしょう。

　食べるとは、「賜ぶ」の謙譲語で、すなわち賜わったものを戴くという言葉から、たべるというようになったそうです。すべての食べ物は神の恵みということからでしょうか。もし、神という言葉が気になるとしたら、大いなる自然の恵みとでも置き換えましょうか。"食べることは、まさに生きるということなのだ"と切実に感じたのは、次第に父の食が細くなり、1人で食べられなくなり、食さなくなった時でした。人は、食べなければ生きてはいけないのです。食べるということは、厳粛で、野蛮で、動物的でエロティックです。

　ミルクから生まれ、ほぼ完全栄養食であるチーズは賜り物。だからこそ、人々はこの滋養に富んだ素晴らしい食品を、時には通貨に換えて命の糧として守り続け食べてきたのです。私の初めてのチーズの本『フロマージュ』の監修をお願いした、チーズの師ピエール・アンドルウエ（Pierre Androuët）氏から、ノルマンディーのお宅へ日曜のランチにお招きを受けたことがありました。メニューは、プレ（鶏）のグリル、じゃがいものリソレとエストラゴンの入った家庭菜園のサラダ。デザートはとろけそうなカマンベールとマダムお手製のリンゴのパイで、最後にチーズのバイブルは皿に残った薄いかけらを指でちょっとつまみながらカルヴァドスを嘗め、「フランスでは、フロマージュのあるもてなしはコンヴィヴィアル（convivial）なのです」と教えてくださいました。

　聖書には「真理が我らを自由にする」という言葉がありますが、まだまだ自由にならない私は、執筆という長い旅を続けながら「チーズは何処からやってきたのか」という謎の解明に挑んできました。

　前の車のテールランプを必死で追いかけていった霧の中のサンネクテールの取材は春の宵でした。サレールの牧場を訪ねた早朝のオーヴェルニュも霧の深い 16 世紀のままの姿が残る街を通り抜けて登って行きました。白い息を吐く牛。子牛を母牛に近づけ催乳する歴史はシュメール人にまで遡ることができる方法です。

　20 世紀に活躍したジャン・コクトーは、オーヴェルニュの山小屋を訪れた時に手作りされるサレールを見て感激し、生産者を励ましています。

　ここに伝統が生きている。至る所でそれに出逢う。
　私たちの今に伝えられるこの技法を護り繋げようではないか。

アルプスの南の地域は、乳に対する耐性が高中レベルのラクターゼ保有者が多く、スペイン、イタリア、ギリシャや中東の都市で暮らす人々は乳に対する耐性が中から低に下がるといわれます。一方、北インドに暮らす人々の乳に対する耐性は高レベルであり、ベドウィンや北アフリカの特定の遊牧民も高レベルであるといわれています。これらのこととチーズの歴史がどのように重なるのかということは、失われつつある民族の食習慣の特異性のなかに見られる真実を追求することで解明されていくと思います。

太古からの地球の営みから見れば、人間＝ホモサピエンスの一生はほんのわずかでちっぽけな点にもならないものですが、その食文化を調べて遠い昔にチーズが作られていたことがわかります。遺跡には、今は失われたアッカド語などで、乳とチーズのことが記されています。

言霊というものを信じてきた日本人が、「乾酪」を忘れ、「蘇」を遥か彼方の伝説のなかのもののように思い、今後もしチーズという言葉だけが共通語として使われる時代が来るとしたなら、言葉の消失によって固有性や多様な文化も失われるのではないでしょうか。

大量生産と飽食の時代といわれる現代にも、一つひとつ大切に作られているアーティザナルチーズがあります。素朴だからこそ味わい深く、飽かずに食べられる日々の食があります。人間の食文化の長い歴史の初期に、動物の乳呑み子から横取りした乳で作ることを覚えた大切な食を、その素顔を見失わないように次の世代へ伝えていきたい。そしてこの本を見て食べたくなって"ちょっと物足りないくらいに食べる"チーズ好きが一人でも多くなりますよう、また美味しく食べて、健康な笑顔の骨太さんが増えますようにと願っています。

207

著者

磯川まどか（いそかわ・まどか）

フェリス女学院大学卒。広告代理店勤務の後、テレビ、ラジオの構成作家を経て渡仏。ル・コルドン・ブルー・パリで学び、チーズの研究のためフランス各地に取材する。フランスチーズ鑑評騎士。著書に『フロマージュ』（柴田書店）、『フランスチーズ—A.O.C.から始めるフロマージュの旅』（駿河台出版社）、『チーズ好きに贈るチーズレシピ』（文化出版局）がある。

※本書は2000年に出版された『フロマージュ』の内容をベースに、新たな企画として撮影・テキスト作成を行ない、構成したものです。

フランスチーズ図鑑

初版印刷　2019年11月30日
初版発行　2019年12月10日

著者Ⓒ　磯川まどか

発行者　丸山兼一
発行所　株式会社柴田書店
　　　　〒113-8477
　　　　東京都文京区湯島3-26-9　イヤサカビル
　　　　電話 [営業部] 03-5816-8282（注文・問合せ）
　　　　[書籍編集部] 03-5816-8260
　　　　URL http://www.shibatashoten.co.jp

撮影　髙橋栄一、前川紀子、海老原俊之
装丁・デザイン　田島弘行

印刷・製本　図書印刷株式会社

本書収録内容の無断転載・複写（コピー）・引用・データ配信等の行為は固く禁じます。
落丁、乱丁本はお取替えいたします。

ISBN 978-4-388-35353-8
Printed in Japan
ⒸMadoka Isokawa 2019